2015 개정 교육과정에 맞춘

과학탐구
실험도감

초등학생용

이 책을 집필하면서

2015년 9월 교육부에서 새로운 과학과 교육 과정을 발표하였습니다. 새로운 과학과 교육 과정에 따르면 '과학'은 모든 학생이 과학의 개념을 이해하고 과학 탐구 능력과 태도를 함양하여 개인과 사회의 문제를 과학적이고 창의적으로 해결할 수 있는 과학적 소양을 기르고 바람직한 민주 시민으로 성장할 수 있도록 하는 교과입니다.

교육부에서 제시한 과학의 내용은 운동과 에너지, 물질, 생명, 지구와 우주 영역입니다. 그리고 과학적 탐구 능력은 과학적 문제 해결을 위한 실험, 조사, 토론 등 여러 가지 방법을 통해 증거를 수집하고 해석하여 평가하는 새로운 과학 지식을 얻는 능력입니다.

초등학교 과학의 내용 체계는 운동과 에너지 영역에서는 무게 측정, 속력과 안전, 전기 회로, 전기 안전, 자석의 성질, 온도, 전도, 대류, 단열, 빛의 성질 등을 학습합니다.

물질 영역에서는 물질과 물체, 혼합물의 분리, 용해와 용액, 산성과 염기성 용액, 온도와 압력에 따른 기체의 성질, 연소와 소화, 화재 안전 대책 등을 학습합니다.

생명 영역에서는 동물과 식물의 특징, 식물과 동물의 한살이, 현미경 사용법, 세포 관찰, 잎의 기능, 광합성, 뼈와 근육의 구조, 호흡 등을 학습합니다.

지구와 우주 영역에서는 화산과 지진, 암석의 분류와 특징, 지층의 형성과 화석, 습도, 구름, 계절의 변화 날씨, 지구와 달, 태양, 행성, 별자리 등을 학습합니다.

폐렴을 치료하는 항생제인 페니실린은 영국의 세균학자 플레밍이 발견하였습니다. 그러나 오늘날 대량 생산되어 많은 생명을 구하게 된 것은 영국의 과학자 호지킨이 페니실린의 구조를 밝혀내었기 때문입니다.

호지킨은 열 살 때 책에서 황산 구리 결정과 백반 결정이 어떻게 커지는가를 읽고 학교에서 배운 실험을 집에서 수없이 반복하면서 과학자의 길을 걸어온 결과 훌륭한 과학자가 되었습니다.

초등학생들은 모두 학교에서 선생님으로부터 과학 교과서와 실험 관찰 교과서를 통하여 과학 내용을 배웁니다. 그러나 집필자는 우리나라 학생들이 호지킨처럼 집에 와서 실험을 반복할 수 없는 것을 안타깝게 여겨 이 책을 독창적으로 집필하기로 하였습니다.

이 책은 제1장 과학 탐구 활동, 제2장 기본 도구 다루기, 제3장 실전 탐구 활동의 3단계로 꾸몄습니다.

제1장 과학 탐구 활동에서는 기초 탐구 기능인 관찰, 측정, 분류, 예상, 추리, 의사소통 등을 다룹니다. 그리고 보통 과학자들이 실행하는 통합 탐구 과정에서 탐구에 필요한 요소인 문제 인식, 가설 설정, 변인 통제, 자료 변환, 자료 해석, 결론 도출, 일반화 등을 학생들이 터득할 수 있도록 하였습니다.

제2장 기본 도구 다루기에서는 현미경 · 돋보기 등의 관찰 도구, 윗접시저울 · 전자저울 등의 무게 측정 도구, 눈금실린더 · 스포이트 등의 부피 측정 도구, 온도계 · 습도계와 같은 온도와 습도를 측정하는 도구, 알코올램프 · 삼발이 · 시험관 · 비커 · 플라스크 등의 가열 장치 도구, 도자기로 된 증발 접시 · 도가니 등의 액체를 담는 데 사용되는 도구, 그 밖에 거름 장치와 같이 초등학교 과학 학습 과정에서 사용되는 여러 가지 도구의 사용 방법과 주의할 점에 대하여 상세하게 설명하였습니다.

제3장 실전 탐구 활동에서는 생명 영역에서 20주제, 에너지 영역에서 25주제, 물질 영역에서 21주제, 지구와 우주 영역에서 23주제를 선별하여 총 89주제의 탐구 활동을 다루었습니다.

이 책을 통하여 여러분은 과학자 호지킨처럼 집에서 혼자 과학을 탐구하거나 선생님이나 부모님의 도움을 받아 탐구 활동을 꾸준히 하다 보면 실력이 쑥쑥 늘어 훌륭한 과학자로 성장하여 한국의 위상을 전 세계에 빛낼 것이라고 믿습니다.

2016년 3월 집필자 일동

이 책의 구성과 특징

탐구 주제
생명, 에너지, 물질, 지구와 우주의 4가지 영역을 각각 소주제로 나누어 주제를 골라 나열하였습니다.

용어 정리
잘 모르는 용어를 알기 쉽게 정리하였습니다.

탐구 목표와 준비물
탐구 활동의 목표를 알아보고, 미리 준비해야 할 도구를 정리하였습니다.

실험 안전 기호
눈 안전, 약품 안전, 화재 안전, 전기 안전, 유리기구 안전, 열 안전, 환경 안전 등과 같은 실험실에서 지켜야 할 안전 기호를 나타내었습니다.

탐구 요소
관찰, 예상, 조사, 분류, 측정, 만들기 등 탐구 활동을 할 때 필요한 탐구 요소를 아이콘으로 나타내었습니다.

---

12 미생물의 작용
⬥ ⚠️ 만들기

용어정리
EM이란? Effective Microorganism의 약어로 광합성 세균, 효모, 유산균, 누룩균, 방선균 등 유용한 친환경 미생물들로 이루어진 약 80여 종의 세균 연합입니다. EM 원액은 온라인쇼핑몰에서 구할 수 있습니다. 동네 주민센터에서 배포하는 경우도 있으니 한 번 알아보세요. 아니면 근처에 EM 발효액을 사용하는 사람이 있으면 소량 얻어서 사용하여도 좋습니다.

✧ 탐구 목표 미생물을 이용하여 유용한 물질을 얻을 수 있다.
✧ 준 비 물 당밀이나 설탕, EM 원액, 깔때기, 쌀뜨물, 2 L 페트병, 500 mL 페트병, 페트병 뚜껑

탐구 과정

① 신선한 쌀뜨물(쌀을 처음 씻은 물과 두 번째 씻은 진한 물)을 2 L 페트병에 1.5 L 정도 넣습니다.

② EM 원액을 20 mL 넣은 후, 뚜껑을 잘 닫고 살짝 흔들어줍니다.

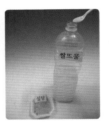
③ 당밀이나 설탕을 숟가락으로 3~4번 넣습니다.

EM 원액에는 살아 있는 미생물이 있으므로 냉장보관하면 활성이 떨어질 수 있습니다. 그리고 개봉한 EM 발효액은 금방 사용해야 하기 때문에 작은 용기에 나눠 담는 것이 좋습니다.

④ 작은 페트병(500 mL)에 나눠 담고 잘 밀폐하여 일정 온도(20~40 ℃)가 유지되는 곳에 놓아 둡니다.

⑤ 7~10일 정도 지난 후에 사용합니다.

Tip
발효가 시작되면 가스가 발생합니다. 가끔씩 병을 지켜보다가, 병이 부풀어 오르면 뚜껑을 꼭! 천천히 열어 가스를 살짝 내보낸 후에 뚜껑을 다시 꼭 닫아야 합니다.

약 38 ℃ 정도에서 발효가 가장 잘 되므로 더운 여름에는 7일, 봄이나 가을에는 열흘, 추운 겨울에는 보름 정도 밀폐해서 발효하여야 합니다. 겨울에는 쌀뜨물을 미지근하게 데워서 사용하여도 좋습니다.

Tip
탐구 활동을 하면서 알아두어야 할 내용을 정리하였습니다.

유의점과 탐구의 도움말
탐구 활동을 할 때 유의사항 등을 제시하여 안전하게 실험을 할 수 있게 하였습니다.

탐구 과정
탐구를 수행하는 과정이 한눈에 정확하게 보이도록 단계별로 구성하였습니다. 또, 각 단계마다 친절한 설명과 함께 이미지를 보여 주어 탐구 수행이 잘 이루어지도록 하였습니다.

과학의 창
재미있는 과학적인 지식
이나 상식에 대하여 학생
들이 쉽게 이해할 수 있
도록 정리하였습니다.

🌱 과학의 창   EM 발효액의 효과

1. 부패균을 억제하고 악취를 제거하여 좋은 공기를 만듭니다.
2. 유용미생물을 정착시켜 자연이 점차 자정능력을 되찾게 합니다. 그래서 결국 환경오염이 줄어들게 됩니다.
3. 목욕을 하거나 세안을 할 때 사용하면 피부를 깨끗하게 만듭니다. 아토피나 무좀 등에 사용하여도 효과가 있습니다.

과목 영역

생명

탐구 결과
탐구 과정에 대한 결과
내용을 알기 쉽게 정리
하여 이해하는 데 도움이
되게 하였습니다.

🎬 탐구 결과

1. EM 발효액을 만들 때 가스가 생겼나요?
  ⇨ 중간에 가스가 생겨서 천천히 뚜껑을 열어 가스를 빼 주었습니다. 다 완성될
  쯤에는 가스가 거의 생기지 않았습니다.

2. 완성된 EM 발효액에서는 어떤 냄새가 나요?
  ⇨ 썩은 냄새는 아닌 쉰내가 약간 나면서 레몬향 같은 새콤달콤한 냄새가 살
  짝 납니다.

알게 된 점
탐구 활동을 통하여 알게
된 점을 정리하였습니다.

알게 된 점

- 미생물 중에는 이로운 것도 있습니다. 이로운 미생물 집단인 EM을 이용한 발효액을 만들어서 생활에 유용하게 사용할 수 있음을 알 수 있습니다.
- 만약 EM 발효액을 만들 때 가스가 생기지 않았다면, 설탕이 너무 많이 들어갔거나 공기가 들어간 것입니다.
- 식품을 발효하는 목적은 다양한 영양소를 제공하고, 발효 과정에서 생성되는 여러 화학물질들이 잡균의 변식을 억제하여 영양, 맛, 저장성을 높이는 것입니다. 우리 조상들은 이미 오래전부터 발효를 이용한 식생활을 했습니다. 김치나 된장 등이 바로 발효식품입니다.

또 다른 탐구
기본 탐구 주제 외에 또
다른 탐구 활동을 다루었
습니다.

희석액은 하루 정도 지나면 썩어버립니다. 그러니 필요로 할 때마다 발효액을 희석해서 사용하는 것이 좋습니다. 발효액은 한 달 정도 보관할 수 있습니다.

🧪 또 다른 탐구

욕실청소세제 만들기
  앞에서 만든 EM 발효액을 이용하여 봅시다. 우선 500 mL 페트병을 준비하고, EM 발효액 5 mL를 넣습니다. 나머지는 모두 물로 가득 채웁니다. 흔들어서 가볍게 섞은 후에 바로 욕실청소에 사용할 수 있습니다.

타일 사이사이에 물때가 많이 끼어 있습니다.
◀ 청소 전

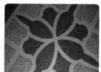
타일 사이의 물때가 사라지고, 원래의 하얗고 깨끗한 모습을 되찾았습니다.
◀ 청소 후

그 외 비누, 화장품을 만들 때 사용하거나 희석하여 주방세제나 린스, 탈취제처럼 사용할 수 있습니다.

생명 · 65

🔍 잠깐! 알고 갑시다.

★ **탐구 활동의 주제 선정**
  탐구 주제는 새로 바뀐 2015 개정 새 교육과정 중 초등학교에서 다루어야 하는 탐구의 내용을 선별하여 과학의 4영역인 생명, 에너지, 물질, 지구와 우주로 구분하여 정리하였습니다.

★ **탐구 요소의 구성 설명**
  교육 과정에서 제시하는 탐구 요소를 기초 탐구 기능인 관찰, 측정, 예상, 추리, 의사소통과 통합 탐구 요소인 문제 인식, 가설 설정, 변인 통제, 자료 변환, 자료 해석, 결론 도출, 일반화로 구분하고 아이콘으로 나타내어 자세하게 설명하였습니다.

★ **부록 DVD**
  실험 과정 및 결과를 학생들이 동영상으로 생생하게 볼 수 있도록 준비하였습니다.

이 책의 차례

제1장 과학 탐구 활동

제2장 기본 도구 다루기

관찰에 사용되는 도구

무게 측정에 사용되는 도구

부피 측정에 사용되는 도구

온도와 습도 측정에 사용되는 도구

가열 장치에 사용되는 도구

도자기로 된 고체나 액체를 담아 가열할 때 사용되는 도구

액체와 고체를 분리하는 데 사용되는 도구

제3장 실전 탐구 활동

생명

에너지

물질

지구와 우주

제 **1** 장 과학 탐구 활동

1 기초 탐구 기능

과학자는 여러 가지 활동을 통하여 자연을 탐구합니다. 우리도 과학자처럼 여러 가지 과학 활동을 해 볼 수 있습니다. 그러나 탐구 활동의 기본이 되는 관찰, 측정 등을 제대로 할 수 있는 학생들은 많지 않습니다. 따라서 여러분이 과학 탐구 활동을 잘하기 위해서는 과학의 기초 탐구 활동인 관찰, 측정, 분류, 예상, 추리, 의사소통 등의 의미를 잘 이해하고 있어야 합니다. 그럼 지금부터 과학 활동의 기초가 되는 과학의 기초 탐구 기능에 대하여 알아봅시다.

◉ 관찰

어떤 물체나 행동, 일 등의 특징에 대하여 자세히 살펴보는 것을 **관찰**이라고 합니다. 관찰은 눈, 코, 입, 귀, 손 등 감각 기관을 통하여 필요한 정보를 얻는 기능입니다.

관찰할 때에는 처음 보는 것처럼 자세히 관찰하거나 관찰한 내용을 그때그때 기록하여 두는 것도 중요합니다.

씨앗이나 열매의 속 모양을 보거나 식물의 줄기를 관찰할 때에는 관찰 대상인 열매나 줄기를 잘라서 그 속을 들여다볼 수 있어야 합니다. 또, 현미경으로 내부 구조를 관찰할 때에는 구별하기 쉽게 하기 위해 염색을 합니다. 이렇게 그 목적에 따라 관찰 대상을 자르거나 염색한 후 관찰할 수 있습니다.

▲ 열매의 속 모양을 볼 수 있도록 자른 모습

◉ 측정

어떤 것의 크기, 길이, 무게 등을 재는 것을 **측정**이라고 합니다. 측정할 때에는 여러 가지 도구를 사용합니다. 측정하는 도구, 측정하는 사람, 측정하는 상황에 따라 측정값이 조금씩 달라질 수 있으므로 여러 번 반복하여야 정확하게 측정할 수 있습니다.

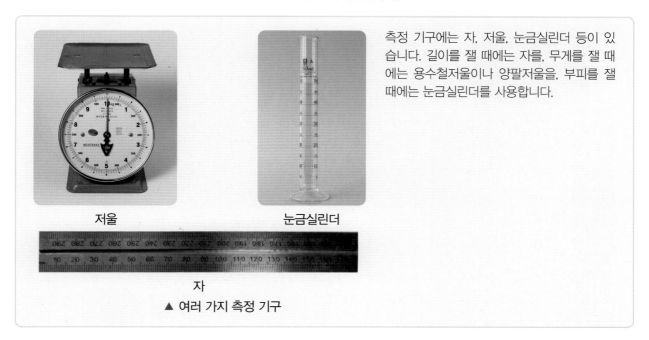

저울

눈금실린더

자

▲ 여러 가지 측정 기구

측정 기구에는 자, 저울, 눈금실린더 등이 있습니다. 길이를 잴 때에는 자를, 무게를 잴 때에는 용수철저울이나 양팔저울을, 부피를 잴 때에는 눈금실린더를 사용합니다.

◉ 분류

관찰한 여러 가지 사물을 어떤 특별한 성질이 있는 것과 없는 것으로 나누는 것을 **분류**라고 합니다. 분류를 하려면 먼저 사물들이 가지고 있는 공통적인 성질을 찾아 분류 기준을 정해야 합니다. 그리고 그 기준에 따라 묶어서 분류합니다.

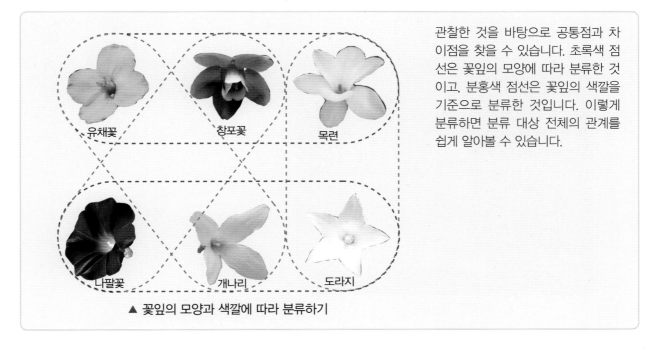

유채꽃   창포꽃   목련

나팔꽃   개나리   도라지

▲ 꽃잎의 모양과 색깔에 따라 분류하기

관찰한 것을 바탕으로 공통점과 차이점을 찾을 수 있습니다. 초록색 점선은 꽃잎의 모양에 따라 분류한 것이고, 분홍색 점선은 꽃잎의 색깔을 기준으로 분류한 것입니다. 이렇게 분류하면 분류 대상 전체의 관계를 쉽게 알아볼 수 있습니다.

◉ 예상

관찰한 자료를 통해 앞으로 어떤 일이 일어날지 짐작하여 보는 것을 **예상**이라고 합니다. 이미 관찰하거나 경험한 것을 통하여 규칙을 찾아내면 앞으로 일어날 일을 예상할 수 있습니다.

▲ 강낭콩 기르기

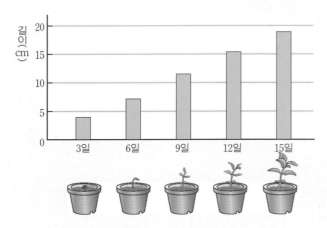

▲ 강낭콩이 자라날 길이 예상하기

측정하지 않은 자료라도 그 전과 후에 측정한 자료를 보고 예상할 수 있습니다. 강낭콩이 자라는 것을 일정한 기간마다 측정하여 그림처럼 막대그래프로 나타내면, 앞으로 얼마나 더 자랄지 예상할 수 있습니다.

주간 일기 예보도 이전의 기상 자료를 이용하여 일주일 동안의 날씨를 예상하는 것입니다.

Weather			
수요일 WED	☀	15	30
목요일 THU	⛅	16	30
금요일 FRI	⛅	18	29
토요일 SAT	☁	20	27
일요일 SUN	⛅ ☁ 남해안제주	19	28

▲ 주간 일기 예보

◉ 추리

관찰 사실 또는 자신의 과거 경험이나 자신이 알고 있는 사실을 바탕으로 하여 어떤 일이 일어난 까닭을 생각하여 보는 것을 **추리**라고 합니다. 따라서 같은 것을 관찰하였더라도 관찰하는 사람에 따라 다르게 추리할 수 있습니다.
관찰을 통해 얻은 정보가 많고 경험과 지식이 풍부할수록 더 올바르게 추리할 수 있습니다.

▲ 식물은 빛을 향하여 자란다고 추리하기

교실이나 집에서 식물을 키울 때 식물이 밝은 쪽으로 휘어지는 것을 볼 수 있습니다. 이러한 관찰을 통하여 식물은 빛을 향하여 자란다고 추리할 수 있습니다. 추리한 내용이 올바른지 알아보기 위하여 실험을 해 보고 그 결과를 통하여 확인할 수 있습니다.

◉ 의사소통

다른 사람과 생각이나 정보를 주고받으며 이야기하는 것을 **의사소통**이라고 합니다. 탐구 활동으로 얻은 실험 결과를 친구들에게 발표할 때 더 정확하게 의사소통하기 위해서는 말로만 이야기하는 것보다 숫자, 표, 그림, 그래프, 몸짓 등과 같은 다양한 방법을 사용하는 것이 좋습니다. 이러한 다양한 방법을 사용하여 발표하면 친구들도 이해하기 쉽고 그 실험 결과를 믿을 수 있습니다.

▲ 실험 결과를 발표하고 토의하는 모습

탐구 활동에서 얻은 결과를 다른 사람들 앞에서 발표하고 의견을 교환하여 탐구 활동을 정리합니다.

2 통합 탐구 과정

과학자들은 우리 주변에 있는 자연 현상에 대하여 궁금한 점을 문제로 정하고, 그 문제를 해결하기 위하여 자신이 예상한 답으로 **가설**을 세웁니다. 그리고 이 가설을 확인할 수 있는 실험을 하거나 자료를 수집하면서 가설을 검증하고 가설에 맞는 결론을 이끌어 냅니다.

이를 위하여 과학자들은 보통 앞에서 배운 기초 탐구 기능 중 여러 과정을 거치면서 통합적으로 탐구 활동을 수행하게 되는데, 이러한 탐구 활동을 **통합 탐구 활동**이라고 합니다. 통합 탐구 활동을 익히기 위해서는 어떻게 하여야 할까? 과학자들이 실행하는 탐구 활동을 통하여 통합 탐구 과정을 배워 봅시다.

<통합 탐구 과정>
문제 인식 ···▶ 가설 설정 ···▶ 변인 통제 ···▶ 자료 변환 ···▶ 자료 해석 ···▶ 결론 도출 ···▶ 일반화

◉ 문제 인식 ❯ 탐구 문제 정하기

과학자들은 우리 주변에 있는 여러 가지 자연 현상을 과학적으로 설명하려고 합니다. 어떤 현상에 대하여 설명할 수 없다면 그 현상에 대해 궁금한 점을 해결하기 위하여 탐구를 합니다. 이렇게 탐구할 문제를 찾아 명확하게 나타내는 것을 문제 인식이라고 합니다. 과학적 탐구 활동의 시작은 자연 현상이나 사물의 관찰을 통하여 해결하고자 하는 문제를 인식하는 것입니다.

▲ 강의 얼음　　　　　　　　　　　　　▲ 겨울 바다

자연 현상 관찰		문제 인식
바닷물은 잘 얼지 않는다.	▮▶	왜 바닷물은 잘 얼지 않을까?

자연 현상에 대한 관찰을 통하여 "왜 바닷물은 잘 얼지 않을까?"라는 의문이 생기는데, 이것이 문제 인식입니다. 문제 인식을 통해 학습자 스스로 과학적 지식을 습득하는 것이므로 문제 인식은 과학적 탐구의 출발점으로서 매우 중요합니다. 이러한 문제 인식은 "왜?", "무엇을?", "어떻게?"라는 과학적 의문이라고 할 수 있습니다. 과학적 의문이란 자연 현상을 관찰하고 현재의 지식으로는 설명할 수 없는 문제나 의문 등에 대한 궁금증이나 호기심을 불러일으키는 것을 뜻합니다.

◉ 가설 설정 ▶ 잠정적 답안 가정하기

집에서 저녁 식사 후에 가족들과 함께 텔레비전을 보고 있는데 갑자기 정전이 되었다면, 왜 정전이 되었는지 그 원인을 생각할 수 있습니다. 이때 다른 집은 정전이 아니라면, 전기를 많이 사용해서 집안의 누전차단기가 내려갔거나, 전기 요금을 내지 않아서 차단되었거나, 아니면 다른 원인을 생각할 수 있습니다. 만일 다른 집도 정전이라면, 전기 선로에 문제가 있거나, 번개가 쳐서 전기가 나갔거나, 발전소에 문제가 있다고 생각할 수 있습니다. 이와 같이 어떠한 현상의 원인에 대한 이유를 생각해 보고, 이러한 궁금한 점에 대하여 자신이 예상한 답을 **가설**이라고 합니다.

정해진 문제를 효과적으로 정확하게 해결하기 위해서는 과학적 의문을 명확한 진술로 바꾼 예상 답안이 필요합니다. 가설은 자신이 알고 있는 지식과 관찰을 통해 얻은 자료 등을 바탕으로 진술합니다.

▲ 산성비에 의해 파괴된 숲

가설은 '원인'과 '결과'를 모두 포함하고 있어야 합니다. 산성비가 식물 성장에 어떤 영향을 미칠까? 라고 문제를 인식한다면 다음과 같이 가설을 세울 수 있습니다. 가설이 옳은지는 실험을 통하여 확인합니다.

문제 인식	가설 설정
산성비가 식물 성장에 어떤 영향을 미칠까?	산성비가 내리면 그 지역의 식물의 성장이 더 느려집니다. (원인)　　　　　　　　　　(결과)

● 변인 통제 ❶ ➤ 실험 계획 세우기

썰매를 타고 잔디 썰매장 경사면을 내려오는 속력은 제각각 다릅니다. 이때 속력에 영향을 끼치는 조건은 여러 가지가 있습니다. 예를 들면, 썰매장의 높이나 길이뿐만 아니라 썰매장 지면의 미끄러움, 출발점을 지날 때의 속력 등이 썰매의 속력을 다르게 만드는 조건이라고 할 수 있습니다. 이들 중 어느 한 가지 조건이 미치는 영향을 알기 위해서는 다른 모든 조건들을 일정하게 통제하고 알고자 하는 한 가지 조건만 변화시키면서 그 영향을 조사해야 합니다. 이러한 방법을 이용한다면 우리는 각각의 조건들이 어떠한 영향을 미치는지 명확하게 알 수 있고, 그에 따른 적절한 결론을 얻을 수 있습니다.

▲ 잔디 썰매장

이렇게 실험에서 다르게 해야 할 조건과 같게 해야 할 조건을 확인하고 통제하는 것을 **변인 통제**라고 합니다. 변인 통제가 제대로 이루어지지 않으면 실험에 영향을 끼치는 조건이 무엇인지 확인하기 어렵습니다.

또한 실험을 계획할 때에는 변인 통제뿐만 아니라 실험에서 관찰하거나 측정해야 할 것, 실험 준비물, 실험 과정, 실험에서 모둠원이 할 역할, 실험 횟수 등을 자세히 정해야 합니다.

영희는 잔디 썰매장과 같이 경사진 곳에서 공을 굴리면 공의 속력이 점점 빨라지는 것을 알았습니다. 그리고 경사진 곳에서 크기가 다른 공을 굴리면 각각 공의 속력이 어떻게 될지 궁금하였습니다. 그래서 크기가 다른 공 3개를 준비하고 공의 속력이 어떻게 달라지는지 탐구하기로 하였습니다.

▲ 경사로

▲ 언덕길

탐구 문제를 정하면 실험과 관련된 조건을 확인하고 실험 계획을 자세히 세워야 합니다. 공의 크기에 따른 공의 속력을 알아보는 실험에서는 공의 크기만 다르게 하고, 경사면의 각도, 경사면의 거칠기 등의 나머지 조건을 모두 같게 해야 합니다.

실험 계획 세우기

① 실험에서 다르게 해야 할 조건을 찾아봅시다.
② 실험에서 같게 해야 할 조건을 찾아봅시다.
③ 실험에서 관찰하거나 측정해야 할 것을 찾아봅시다.
④ 실험에 필요한 준비물을 써 봅시다.
⑤ 실험 과정을 정리하여 봅시다.
⑥ 실험에서 모둠원이 할 역할과 실험 횟수를 정해 봅시다.

영희는 공의 크기에 따라 경사면을 굴러가는 속력이 어떻게 다른지 알아보기 위해 크기가 다른 공 3개를 준비하였습니다. 같은 경사면에서 크기가 다른 공을 굴린 다음 바닥에 도착할 때까지의 시간을 측정하기로 실험 계획을 세웠습니다. 다음은 실험 계획에 따라 실험을 수행하는 과정을 나타낸 것입니다.

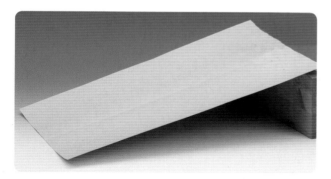

▲ 경사면

탐구활동 ▶ 공의 크기에 따라 공이 바닥에 도달할 때까지의 시간 알아보기

준비물 ➤ 크기가 다른 공 3개, 두꺼운 도화지, 받침대, 초시계

실험 과정

① 도화지의 한쪽 면을 받침대 위에 올려놓아 경사면을 만듭니다. 실험을 진행하는 동안 받침대의 위치는 고정되어 있어야 합니다.

② 크기가 다른 공 3개를 각각 같은 경사면 위에서 굴린 후 바닥에 도착할 때까지 걸린 시간을 측정합니다. 측정한 결과는 다음 표에 기록합니다.

구분	큰 공	중간 공	작은 공
1회			
2회			
3회			

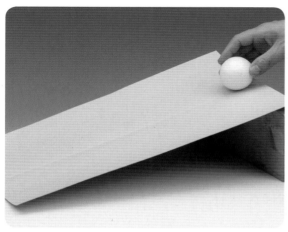

▲ 경사면 위의 큰 공

▲ 경사면 위의 작은 공

◉ 자료 변환 ▶ 자료 변환하기

실험에서 얻은 자료를 표, 그래프, 그림, 흐름도, 도식 등과 같은 형태로 바꾸면 실험 결과의 의미나 특징을 더 잘 알 수 있습니다. 이렇게 실험 결과를 한눈에 비교하기 쉽게 여러 가지 형태로 바꾸는 것을 **자료 변환**이라고 합니다.

〈표로 정리하기〉

측정값	횟수	큰 공	중간 공	작은 공
걸린 시간(초)	1회	2.2초	2.3초	2.3초
	2회	2.3초	2.2초	2.2초
	3회	2.3초	2.2초	2.3초

다른 조건이 같다면 횟수에 따른 값의 차이는 거의 없습니다.
실험 결과를 표로 정리할 때에는 첫 번째 가로줄과 첫 번째 세로줄에 나타내고자 하는 항목을 정합니다. 일반적으로 실험에서 다르게 한 조건은 가로줄에 나타내고, 실험에서 관찰하거나 측정한 것은 세로줄에 나타냅니다. 가로줄과 세로줄에 기록할 항목을 정하고 나면 항목 수를 헤아려 표를 그리고, 측정값을 표에 기록합니다.

〈그래프로 자료 변환하기〉

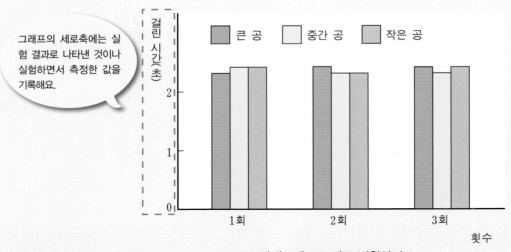

그래프의 세로축에는 실험 결과로 나타낸 것이나 실험하면서 측정한 값을 기록해요.

▲ 막대그래프로 자료 변환하기

그래프로 나타낼 경우에도 횟수에 따른 값의 차이는 거의 없습니다.

그래프로 나타낼 때에도 그래프의 가로축과 세로축에 나타내고자 하는 항목을 정합니다. 일반적으로 종류별 차이를 나타내고 싶으면 막대그래프를 사용하고, 시간의 흐름이나 양의 변화를 나타내고 싶으면 꺾은선그래프를 사용합니다. 실험 결과를 막대그래프로 나타내고자 할 때에 그래프의 가로축에는 실험에서 다르게 한 조건을 나타내고, 세로축에는 실험 결과로 나타난 것이나 실험하면서 측정한 값을 나타냅니다.

그리고 일정한 기간을 두고 여러 번 반복하여 관찰하거나 측정하는 경우에는 가로줄이나 가로축의 항목을 시행한 순서나 날짜에 따라 정하기도 합니다.

● 자료 해석 ▶ 실험 수행하기

실험 결과를 표나 그래프로 바꾼 다음에는 자료가 어떤 의미를 나타내는지 확인해야 합니다. 이렇게 실험 결과의 의미를 찾아보고 자료 사이의 관계나 규칙을 알아보는 과정을 **자료 해석**이라고 합니다.

자료 해석을 할 때에는 실험 과정을 되짚어 볼 필요가 있습니다. 실험 횟수가 부족하지 않았는지, 실험 방법이 잘못되지 않았는지 생각해 보아야 합니다. 만약 실험 횟수가 부족하다면 실험을 반복해야 합니다. 그리고 실험하는 동안에 문제점이 있었다면 그 실험 방법을 고쳐 다시 실험해야 합니다.

공의 크기에 따라 시간은 어떻게 변했을까요?
공의 크기에 따라 경사면을 굴러 내리는 데 걸린 시간은 어떻게 다른지 다음 표를 보고 그 의미를 알아봅시다.

〈공의 크기에 따라 걸린 시간〉

측정값	횟수	큰 공	중간 공	작은 공
걸린 시간(초)	1회	2.2초	2.3초	2.3초
	2회	2.3초	2.2초	2.2초
	3회	2.3초	2.2초	2.3초

표를 읽을 때에는 가로줄과 세로줄에 기록한 항목과 제목, 단위를 확인하여 표에 기록된 숫자들을 비교하고 그 의미를 올바르게 이해해야 합니다. 위의 표에서 보면 공의 크기에 관계없이 공이 경사면을 내려오는 데 걸린 시간은 일정하다는 것을 알 수 있습니다.

우리는 일상생활에서 텔레비전 뉴스나 신문과 잡지의 기사를 통한 자료 해석을 자주 볼 수 있습니다. 내일 날씨를 알려 주는 일기 예보도 자료 해석을 통하여 예상하는 것이고, 야구 경기를 비롯한 각종 운동 경기에서 이길 팀을 자료를 통하여 예상할 수 있습니다. 따라서 표나 그래프를 통한 자료 해석은 매우 중요합니다.

◀ 내일의 날씨

◉ 결론 도출

자료 해석을 통하여 '같은 경사면에서 크기가 다른 공을 굴려도 공의 크기에 관계 없이 경사면을 내려오는 데 걸린 시간은 모두 같다.'는 결론을 얻을 수 있습니다. 이렇게 실험 결과와 결론은 그 의미가 다릅니다. 실험 결과는 실험하면서 직접 측정한 값이고, 결론은 실험을 통하여 이끌어 낼 수 있는 최종적인 판단입니다. 실험이 끝나면 탐구 문제에 대하여 결론을 내려야 합니다. 이렇게 실험 결과를 통하여 처음 생각이 맞는지 확인하고 결론을 이끌어 내는 과정을 **결론 도출**이라고 합니다.

실험을 통해 얻은 결론이 탐구 과정의 앞부분에서 설정한 가설과 일치하는지 확인해 보아야 합니다. 가설과 결론이 일치할 경우에는 가설은 문제 인식으로부터 시작된 탐구 목표를 달성한 것입니다. 또한, 가설은 잠정적인 답이 아니라 확정된 답이 됩니다.

만일, 가설과 결론이 일치하지 않는 경우에는 가설은 잘못된 답이 됩니다. 이때에는 문제 인식에서 제기한 탐구 문제를 해결하기 위하여 새로운 가설을 세우고 실험을 다시 수행해야 합니다.

◉ 일반화

실험을 통하여 얻은 결론을 다른 물질이나 상황에도 적용할 수 있는지 알아보아야 합니다. 결론이 여러 가지 물질이나 상황에 적용된다면 이것은 새로운 원리나 법칙 또는 이론을 만드는 데 기초가 됩니다. 이렇게 결론을 다양한 상황에 적용하여 과학적 현상을 예측하고 설명할 수 있는 원리나 법칙 또는 이론을 찾아내는 탐구 활동을 '**일반화**'라고 합니다.

'같은 경사면에서 굴러 내리는 공은 크기에 관계 없이 경사면을 내려오는 데 걸리는 시간은 같다.'는 결론이 경사가 더 급한 다른 경사면에서도 적용할 수 있는지 알아보고, 이것을 일반화할 수 있는지 생각해 보아야 합니다.

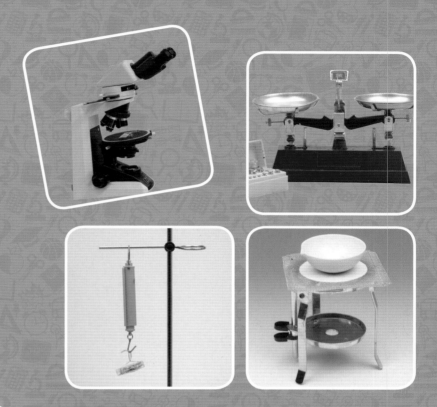

제2장 기본 도구 다루기

- 관찰에 사용되는 도구
- 무게 측정에 사용되는 도구
- 부피 측정에 사용되는 도구
- 온도와 습도 측정에 사용되는 도구
- 가열 장치에 사용되는 도구
- 도자기로 된 고체나 액체를 담아 가열할 때 사용되는 도구
- 액체와 고체를 분리하는 데 사용되는 도구

· 관찰에 사용되는 도구 ·

우리 몸을 이루고 있는 세포, 물질을 이루고 있는 원자나 분자, 병을 일으키는 바이러스 등은 너무 작아서 맨눈으로 관찰할 수 없습니다. 광학 현미경은 1590년경 안경점을 경영하던 네덜란드인 얀센이 발명한 관찰 도구로 렌즈에 빛을 통과시켜서 작은 물체를 확대하여 명확히 볼 수 있습니다.

❖ **광학 현미경의 구조**

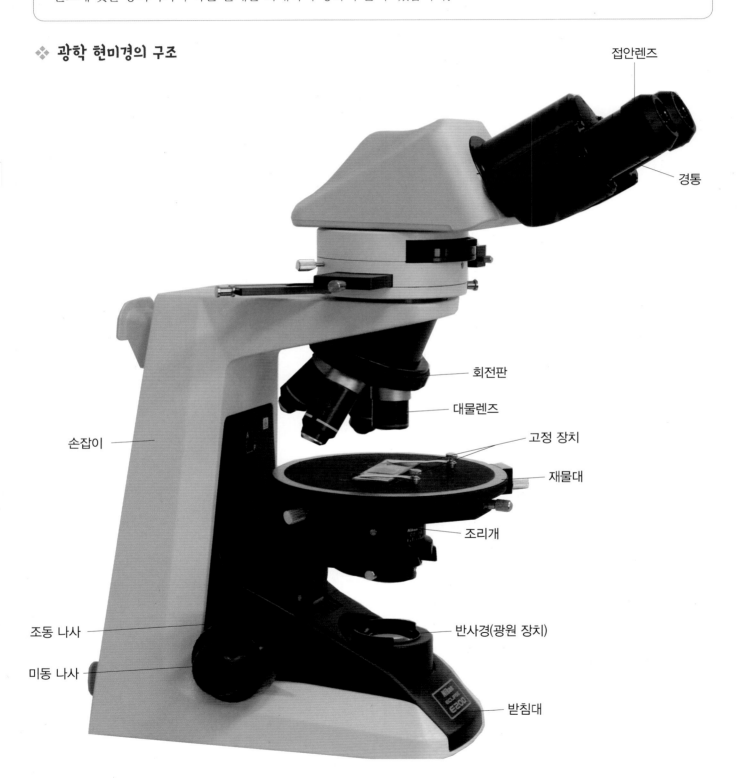

접안렌즈

경통

회전판

대물렌즈

손잡이

고정 장치

재물대

조리개

조동 나사

반사경(광원 장치)

미동 나사

받침대

❖ 광학 현미경의 사용 방법

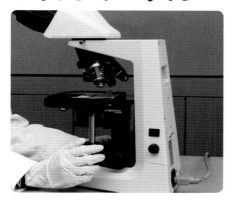

① 가장 낮은 배율의 대물렌즈가 경통 밑으로 오게 하고, 재물대를 좌우로 이동시켜 현미경 표본을 가운데에 둡니다.

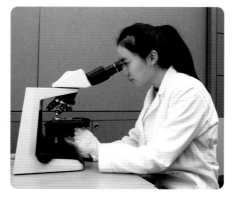

② 광원 장치와 조리개를 사용하여 시야의 밝기를 조절한 후, 현미경 표본을 재물대 위에 올려놓고 고정 장치로 고정합니다.

③ 옆에서 보면서 조동 나사를 서서히 돌려 현미경 표본과 대물렌즈의 거리가 최대한 가까워지도록 합니다.

④ 조동 나사를 돌려 재물대를 서서히 내리면서 시야에 상이 나타나도록 합니다.

⑤ 미동 나사를 돌려 시야에 들어온 상의 초점이 정확하게 맞도록 조절합니다.

⑥ 현미경으로 관찰할 때에는 두 눈을 뜬 채로 상을 보면서 기록합니다.

현미경을 운반할 때에는 한 손으로 손잡이를 잡고 다른 손으로 현미경을 받칩니다.

알아둘 일 ▶ 현미경을 사용한 후에는 가장 낮은 배율의 대물렌즈가 경통 밑으로 오게 하여 상자에 넣어 보관합니다.

02 현미경 ≫≫ 실체 현미경

· 관찰에 사용되는 도구 ·

실체 현미경은 해부 현미경이라고도 부르며, 두 눈으로 표본의 실체를 관찰하는 현미경입니다. 이것은 현미경을 보면서 해부 조작을 하기에 편리한 구조로 되어 있습니다. 또한, 광학 현미경에서는 실제와 다르게 거꾸로 선 상을 볼 수 있지만, 실체 현미경에서는 똑바로 선 상을 볼 수 있습니다.

❖ **실체 현미경의 구조**

실체 현미경 사용 시 주의 사항
① 밝고 안정된 장소에서 사용하되 직사광선을 피합니다.
② 먼저 저배율에서 전체적인 모습을 살핀 후 고배율로 확대하여 관찰합니다.
③ 습기가 없는 건조한 곳에 보관합니다.

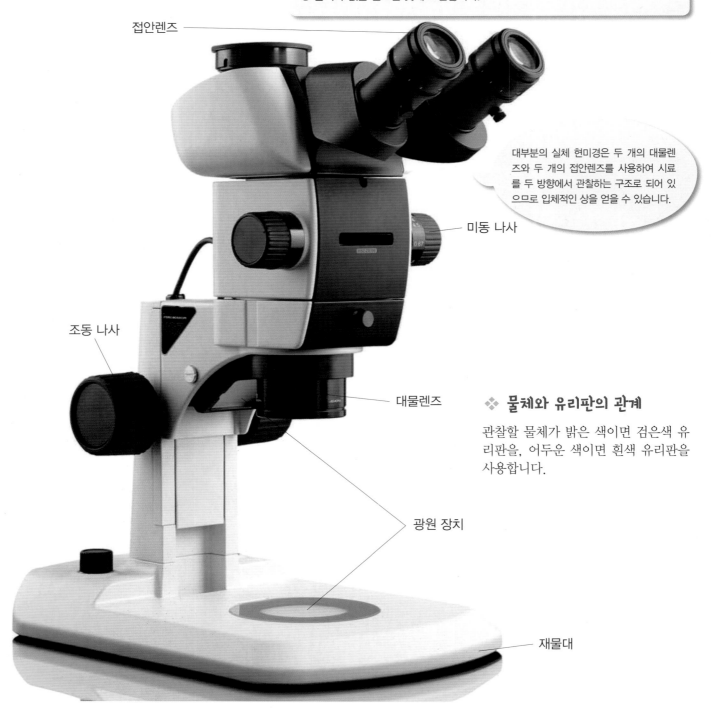

접안렌즈

대부분의 실체 현미경은 두 개의 대물렌즈와 두 개의 접안렌즈를 사용하여 시료를 두 방향에서 관찰하는 구조로 되어 있으므로 입체적인 상을 얻을 수 있습니다.

미동 나사

조동 나사

대물렌즈

광원 장치

재물대

❖ **물체와 유리판의 관계**

관찰할 물체가 밝은 색이면 검은색 유리판을, 어두운 색이면 흰색 유리판을 사용합니다.

03 돋보기

돋보기는 작은 물체를 확대하여 크고 잘 보이게 해 주는 관찰 도구입니다. 작고 가벼워서 휴대하기 편리하며 어느 장소에서나 관찰하기 쉽습니다. 피부에 작은 가시가 박혔을 때 돋보기로 관찰하면 크게 잘 보이므로 쉽게 가시를 제거할 수 있습니다.

❖ 돋보기의 구조

볼록한 렌즈

손잡이

돋보기는 유리로 되어 있으므로 사용할 때 떨어뜨려서 깨지지 않도록 주의해야 합니다.

❖ 돋보기의 사용 방법

돋보기로 물체를 관찰하려고 할 때에는 가까운 곳에서 먼 곳으로 옮기면서 뚜렷하게 확대된 상을 찾습니다.

❖ 돋보기로 불붙이기

종이에 불을 붙여 볼까요?

눈에 비추면 안됩니다.

돋보기로 종이에 불을 붙이려고 할 때에는 태양이 오는 빛의 방향과 수직이 되도록 돋보기의 방향을 맞추고 빛이 모이는 면을 작게 합니다.

돋보기의 이용 일상생활에서도 크게 보기 위해서 돋보기를 많이 쓰고 있습니다.

물체의 모양을 관찰합니다.

돋보기 안경을 끼고 신문을 읽습니다.

04 윗접시저울

지렛대의 원리를 이용한 윗접시저울은 저울 안쪽에 수평을 이루는 장치가 들어 있으며, 양팔의 거리가 같은 위치에 윗접시 두 개를 놓고 한쪽에 물체를, 다른 쪽에 분동을 놓아 수평을 이루게 하면 물체의 무게를 측정할 수 있습니다. 윗접시저울로 물체의 무게를 재려면 분동이 필요합니다.

❖ 윗접시저울의 구조

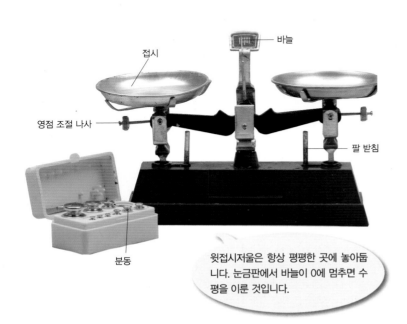

접시
바늘
영점 조절 나사
팔 받침
분동

분동을 잡는 법
분동은 손으로 잡거나 물에 씻으면 녹슬어 무게가 변할 수 있으므로 반드시 집게로 옮겨야 합니다.

윗접시저울은 항상 평평한 곳에 놓아둡니다. 눈금판에서 바늘이 0에 멈추면 수평을 이룬 것입니다.

❖ 무게를 잴 때

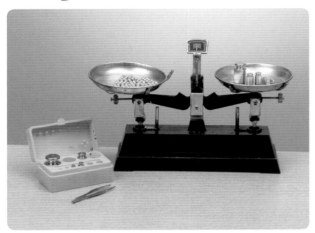

측정할 물체를 윗접시저울의 왼쪽 접시 위에 올려놓고, 집게로 분동을 집어 오른쪽 접시 위에 올리거나 내려 수평을 맞춥니다. 이때 분동은 무거운 것부터 가벼운 것의 순서로 올려놓습니다.

❖ 필요한 양의 시약을 잴 때

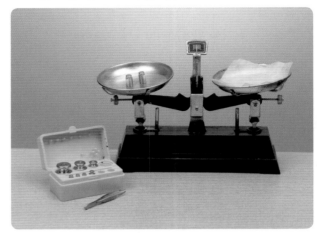

필요한 양의 시약을 잴 때에는 왼쪽에 측정하려는 양의 분동을 올려놓고 약숟가락을 이용하여 시약 포지 위에 시약을 조금씩 올려놓으면서 수평이 되게 합니다.

05 전자저울

• 무게 측정에 사용되는 도구 •

전자저울은 물체를 저울에 올려놓으면 무게가 표시 창에 즉시 나타나는 편리한 도구입니다. 전자저울은 용수철의 탄성력을 전기량으로 바꾸어 무게를 나타냅니다. 물체를 측정할 때에는 전자저울의 최소와 최대 측정 범위를 확인해야 합니다.

❖ 전자저울의 사용 방법

① 전자저울을 수평이 잘 맞는 실험대 위에 놓고, 저울의 수평을 맞추는 공기 방울이 가운데에 있는지 확인한 후 전원을 켭니다.

② 영점 조절 단추를 눌러서 영점을 맞춥니다. (화면에 숫자가 '0'으로 표시되어야 합니다.)

알아둘 일

전자저울은 충격이 가해지지 않도록 조심해서 사용하고, 사용 후에는 먼지가 쌓이지 않도록 덮개를 덮어 평평한 곳에 보관하도록 합니다.

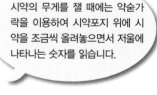
저울이 허용할 수 있는 최대 중량 이상을 올리지 않도록 주의합니다.

시약의 무게를 잴 때에는 약숟가락을 이용하여 시약포지 위에 시약을 조금씩 올려놓으면서 저울에 나타나는 숫자를 읽습니다.

③ 측정할 물체를 저울 위에 올려놓고, 저울의 화면에 나타나는 숫자를 읽습니다.

❖ 액체의 무게를 잴 때

① 영점 조절 단추를 눌러 영점을 맞춥니다.

② 빈 용기를 놓고 저울에 나타나는 숫자를 읽습니다.

③ 액체를 용기에 넣고 저울에 나타나는 숫자를 읽은 후 ③-②의 값을 계산합니다.

06 용수철저울

물체를 용수철에 달린 고리에 매달면 물체의 무게에 비례하여 용수철이 일정한 비율로 늘어납니다. 용수철의 이러한 성질을 이용하여 만든 것이 용수철저울입니다. 용수철저울은 물체의 무게를 측정하는 데 쓰입니다.

❖ 용수철저울의 구조

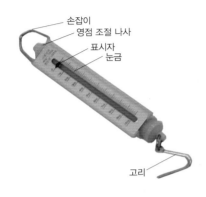

손잡이
영점 조절 나사
표시자
눈금

고리

알아둘 일▶

용수철저울은 저울의 측정 범위 안에 있는 물체의 무게만 잴 수 있습니다. 솜사탕이나 풍선같이 너무 가벼운 물체는 용수철이 늘어나지 않기 때문에 무게를 잴 수 없습니다. 그리고 무거운 돌이나 쇳덩이는 너무 무거워서 용수철이 늘어난 후 원래의 길이로 돌아오지 않기 때문에 무게를 잴 수 없습니다.

❖ 용수철저울의 사용 방법

용수철저울에 매단 물체가 용수철저울에 새겨진 눈금의 양보다 무거우면 용수철저울이 망가질 수 있습니다.

저울의 표시자와 눈높이를 같게 하여 눈금을 읽습니다.

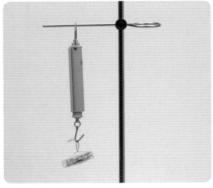

① 용수철저울의 눈금이 0에 있도록 위쪽에 있는 영점 조절 나사로 조절합니다.

② 손잡이를 한 곳에 고정시키고 아래 고리에 물체를 매답니다.

③ 고리에 물체를 매단 후 표시자가 움직이지 않을 때까지 기다렸다가 눈금을 읽습니다.

용수철의 성질을 이용한 저울들

▲ 앉은뱅이저울

▲ 체중계

07 눈금실린더

• 부피 측정에 사용되는 도구 •

모양이 일정하지 않은 액체의 부피는 눈금실린더, 피펫, 주사기 등을 사용하여 부피를 잴 수 있습니다. 눈금실린더는 유리와 플라스틱으로 만든 것이 사용되고 있습니다.

❖ 눈금실린더의 사용 방법

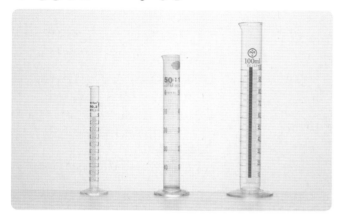

① 눈금실린더에는 크기에 따라 여러 가지가 있습니다. 측정하려는 부피에 맞는 눈금실린더를 선택합니다.

측정하려는 부피보다 약간 더 큰 눈금실린더를 선택합니다. 눈금실린더의 윗부분에는 담을 수 있는 최대 부피와 단위가 표시되어 있습니다.

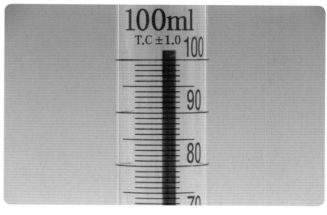

② 선택한 눈금실린더를 바닥이 평평한 곳에 두고, 한 눈금의 크기가 얼마인지를 확인합니다.

눈금실린더를 약간 기울이고, 안쪽 벽면을 따라 액체가 흘러내리도록 붓습니다.

눈금실린더에 뜨거운 액체를 넣으면 파손될 수 있으므로 식힌 후에 넣습니다.

최소 눈금의 $\frac{1}{10}$까지 어림하여 읽습니다.

③ 부피를 측정하고자 하는 액체를 눈금실린더에 따릅니다.

물
57.0 mL
수은

④ 눈의 높이를 액체 표면의 오목한 아랫부분과 수평이 되게 한 후 눈금을 읽습니다. 수은일 경우에는 수은 표면의 볼록한 윗부분과 수평이 되게 한 후 눈금을 읽습니다.

08 스포이트

• 부피 측정에 사용되는 도구 •

스포이트는 눈금이 새겨진 유리관에 고무 부분이 달려 있는 것으로, 고무 부분 속에 있는 공기의 압력을 이용하여 액체를 빨아들여 필요한 양만큼 다른 용기로 옮기는 데 쓰입니다. 스포이트나 피펫은 정밀한 양을 옮기기 위해 고안된 도구이므로 적은 양의 액체를 옮길 때 사용하며, 100 mL 정도의 용액을 옮길 때에는 플라스크를 사용합니다.

❖ 스포이트의 사용 방법

알아둘 일 ▶

• 용액을 빨아올린 스포이트를 이동할 때에는 반드시 수직으로 세웁니다.
• 스포이트를 옆으로 눕히면 고무 부분 속으로 약품이 들어가 오염될 수 있으므로 주의해야 합니다.
• 스포이트를 비커나 시험관에 담근 채 약품을 넣지 않습니다.

① 스포이트를 사용할 때에는 엄지손가락과 집게손가락으로 고무 부분을 가볍게 잡고, 나머지 세 손가락으로 유리관 부분을 감싸 쥡니다.

② 액체를 빨아들일 때에는 엄지손가락과 집게손가락으로 스포이트의 고무 부분을 꼭 누른 상태에서 액체 속에 넣은 후 고무 부분을 서서히 놓으면서 액체를 빨아들입니다.

❖ 사용 후 처리 방법

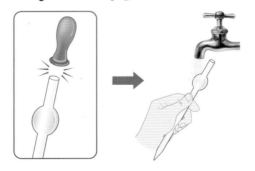

① 고무 부분을 빼고 유리 부분을 흐르는 물로 안과 밖을 씻습니다.
② 스포이트를 말린 후에 보관합니다.

③ 액체를 옮길 때에는 옮길 비커나 시험관 안쪽 벽에 대고 고무 부분을 천천히 눌러 용액이 서서히 흘러내리게 합니다.

❖ 피펫

피펫은 적은 양의 필요한 액체를 정확히 옮기는 도구로, 가늘고 긴 유리관으로 되어 있습니다. 스포이트는 유리관 끝에 고무 부분이 달려 있는데, 피펫은 고무로 된 필러에 끼워서 액체를 담을 때 사용합니다. 그리고 스포이트는 피펫처럼 정확한 양의 용액을 옮기는 데에는 적당하지 않습니다.
액체를 옮겨 담을 때에는 둘째손가락을 이용하여 윗부분을 막았다가 떼면서 유리관에 공기를 조금씩 넣어 액체가 한두 방울씩 떨어지게 합니다.

피펫 ─

09 온도계와 습도계

온도계는 실험을 할 때 공기, 물속, 땅속 등에서의 온도를 측정하는 기본 도구입니다. 온도계에는 여러 가지가 있으며 알코올 온도계를 가장 많이 사용합니다. 습도는 공기의 습하고 건조한 정도를 나타내며, 습도가 높을수록 공기 중에 수증기가 많이 들어 있어 습합니다. 습도는 습도계로 측정하며, 단위는 %를 씁니다.

❖ 알코올 온도계

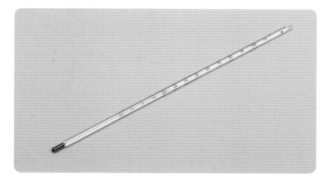

❖ 여러 가지 온도계

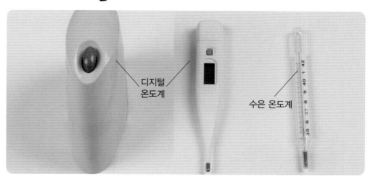

디지털 온도계

수은 온도계

❖ 기온 측정하기

온도계 눈금을 읽을 때에는 온도계를 똑바로 세웁니다.

직사광선을 피하고 바람이 잘 통하는 높이인 1.2~1.5 m에서 측정합니다.

❖ 땅속 온도 측정하기

온도계 눈금을 읽을 때에는 온도계를 똑바로 세웁니다.

온도계의 눈금 부분에 직사광선이 닿지 않도록 한 후 온도계의 아래 부분을 땅속에 꽂아 측정합니다.

❖ 온도계 눈금 읽기

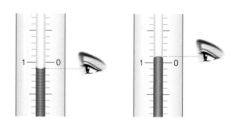

▲ 알코올 온도계   ▲ 수은 온도계

눈의 높이가 액체와 직각이 되도록 하여 $1\ ℃$ 눈금의 $\frac{1}{10}$까지 읽습니다.

❖ 여러 가지 습도계

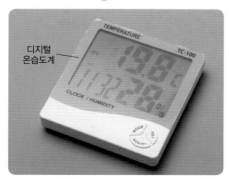

디지털 온습도계

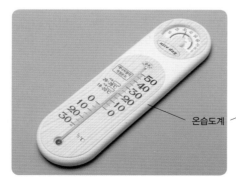

온습도계

습도계는 온도계와 함께 있는 경우가 많이 있으며, 이를 온습도계라고 부릅니다. 일상생활에 적당한 습도는 40~70 %입니다.

10 알코올램프

알코올램프는 실험실에서 가장 흔하게 사용하는 가열 도구입니다. 그 밖에 가열 장치로는 버너, 전열기, 전자레인지 등이 사용됩니다. 실험실에는 인화성 물질이 있을 수 있으므로 알코올램프 등 가열 장치의 안전한 사용법을 익혀야 합니다.

❖ 알코올램프의 구조

심지

뚜껑

메탄올

잠깐

• 연료는 메탄올을 사용하며, 깔때기를 사용하여 연료통의 $\frac{2}{3}$가 넘지 않게 넣습니다.
• 불을 사용할 때에는 주위에 있는 다른 약품이나 물건을 잘 치웁니다.

❖ 알코올램프의 사용 방법

알코올램프가 흔들리지 않도록 고정시킵니다.

불을 붙인 후에 알코올램프를 움직일 때에는 천천히 밀어서 옮깁니다.

① 알코올램프의 뚜껑을 열어 옆에 놓습니다.

② 점화기의 불꽃이나 성냥불(라이터)을 심지 옆쪽에서 스치듯이 움직여서 불을 붙입니다.

③ 가열이 끝나고 불을 끌 때에는 입으로 불어 끄지 말고 반드시 뚜껑을 옆에서부터 살짝 덮어서 끕니다.

④ 보관할 때에는 뚜껑을 다시 열어 기체를 날려 보낸 다음, 불이 꺼졌는지 확인한 후에 뚜껑을 덮어서 보관합니다.

11 삼발이

삼발이는 다리가 세 개인 구조로 되어 있으며, 실험실에서는 가열하고자 하는 물질을 담은 그릇을 삼발이 위에 올려놓고 알코올램프 등으로 가열합니다.

❖ **삼발이**

❖ **쇠그물**

> **알아둘 일**
>
> 쇠그물은 실험실에서 비커나 플라스크에 담긴 물질을 가열할 때 삼발이 위에 올려 놓고 사용합니다. 쇠그물은 지나친 가열로 인해 기구가 손상되거나 기구 속의 액체가 갑자기 끓어오르지 않도록 도와줍니다.

알코올램프에 미리 불을 붙인 후 이 동시키면 위험합니다. 따라서 알코올 램프를 미리 삼발이 밑에 놓고 불을 붙여야 합니다.

❖ **삼발이의 사용 방법**

① 삼발이 위에 쇠그물을 올려놓습니다.

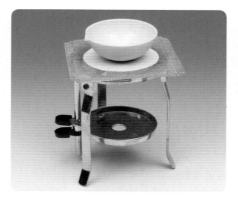

② 가열할 물질이 담긴 그릇을 가운데에 올려놓습니다.

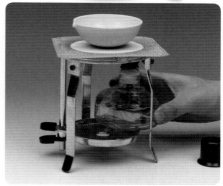

③ 알코올램프를 삼발이 밑으로 천천히 밀어 넣습니다.

❖ **삼발이를 사용할 때의 주의 사항**

가열 도중에는 삼발이가 매우 뜨거우므로 삼발이가 넘어지지 않도록 조심해서 다루어야 합니다.

가열이 끝난 후에도 삼발이의 다리가 매우 뜨거우므로 삼발이나 비커에 손이 닿아 화상을 입지 않도록 주의해야 합니다.

실험실에서 가장 많이 사용하는 도구가 시험관입니다. 시험관은 그 용량이 크고 작은 여러 가지가 있으며, 각 시험관에는 용량을 나타내는 눈금이 새겨져 있습니다.

❖ 시험관 쥐기

시험관의 윗부분을 세 손가락으로 가볍게 쥡니다.

❖ 시험관 속의 물질 섞기

> 유리 막대로 휘저어 섞지 않도록 합니다.

시험관 속의 물질을 섞을 때에는 시험관의 윗부분을 쥐고 아랫부분이 작은 원을 그리도록 천천히 돌리면서 섞습니다.

❖ 시험관 가열하기

> 이때 시험관 입구는 사람이 없는 쪽을 향하게 합니다.

시험관 집게로 시험관을 잡고, 약간 기울여 가열합니다.

❖ 시험관 닦기

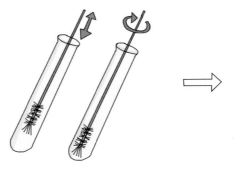

사용한 시험관은 세척솔로 돌리면서 아랫부분까지 깨끗이 닦습니다.

사용한 시험관 겉면은 물로 깨끗이 씻은 후 마른 수건으로 물기를 닦아 냅니다.

❖ 액체 시약 옮기기

> 시험관에 액체를 채울 때에는 $\frac{2}{3}$가 넘지 않도록 합니다.

왼손으로 시험관을 쥐고 오른손으로 시약병을 쥔 채로 시험관을 조금 기울여 시약이 시험관의 안쪽 벽을 따라 조금씩 흘러들어가게 합니다.

❖ 고체 시약 옮기기

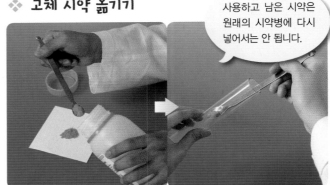

> 사용하고 남은 시약은 원래의 시약병에 다시 넣어서는 안 됩니다.

시험관을 조금 기울인 다음에 약숟가락으로 시약을 조금씩 넣습니다.

13 비커

• 가열 장치에 사용되는 도구 •

일정량의 액체를 담는 용기입니다. 투명한 유리 제품인 비커는 그 용량이 크고 작은 여러 가지가 있으며, 비커의 겉표면에 눈금이 새겨져 있습니다. 그 밖에 가정에서 사용하는 고체나 액체의 용량을 측정하는 도구에는 계량컵이 있습니다. 파이렉스로 만든 비커는 견고하여 잘 깨지지 않습니다.

❖ 비커의 구조와 종류

▲ 비커의 구조

▲ 비커의 종류

▲ 계량컵

❖ 비커를 옮길 때

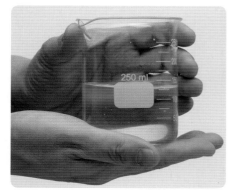

두 손으로 받치고 옮깁니다.

❖ 액체 시약을 비커에 옮길 때

유리 막대를 통해 액체를 흘려보냅니다.

❖ 액체를 섞을 때

막대가 비커 벽이나 바닥에 부딪히지 않도록 합니다.

유리 막대로 돌려가면서 저어 줍니다.

❖ 비커의 용액을 가열할 때

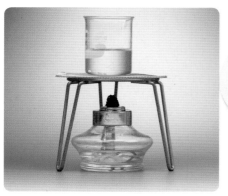

가열된 용액을 저을 때에는 비커가 넘어지지 않도록 유리 막대로 천천히 젓습니다.

비커 속에 용액을 $\frac{2}{3}$가 넘지 않도록 담은 후 가열합니다.

❖ 비커 닦기

건조대

비눗물을 묻힌 세척솔로 비커의 안과 밖을 깨끗이 닦아 건조대에서 말립니다.

14 플라스크

플라스크는 액체를 가열할 때 사용되는 도구입니다. 가열할 때에는 둥근 바닥 플라스크가 많이 사용됩니다. 플라스크에는 모양 및 용도에 따라 삼각 플라스크, 둥근 바닥 플라스크, 넓적 바닥 플라스크, 가지 달린 삼각 플라스크, 가지 달린 둥근 바닥 플라스크 등이 있습니다.

❖ **플라스크의 종류**

▲ 삼각 플라스크

▲ 둥근 바닥 플라스크

▲ 넓적 바닥 플라스크

▲ 가지 달린
삼각 플라스크

▲ 가지 달린
둥근 바닥 플라스크

❖ **삼각 플라스크의 이용**

밑이 넓고 안정적이므로 액체 시약을 섞을 때 많이 쓰입니다. 이때 내용물은 아래 부분을 돌리면서 섞습니다.

❖ **삼각 플라스크 세척 시 주의 사항**

삼각 플라스크는 밑부분이 약하므로 세척 시 세척솔을 강하게 부딪쳐 깨지지 않도록 주의해서 닦습니다.

❖ **둥근 바닥 플라스크의 이용**

액체를 가열할 때 갑자기 끓는 것을 막기 위해 끓임쪽을 꼭 넣습니다.

액체를 넣고 가열할 때 많이 사용합니다. (삼발이, 쇠그물, 끓임쪽 등)

❖ **가열할 때 주의 사항**

플라스크를 가열하면 플라스크가 매우 뜨거우므로 손으로 만지지 않습니다.

❖ **고온으로 가열할 때**

삼각 플라스크는 가열에 약하고, 둥근 바닥 플라스크는 가열에 강합니다.

❖ **둥근 바닥 플라스크 닦기**

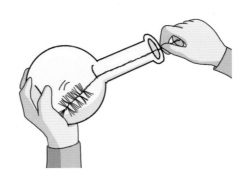

둥근 바닥 플라스크를 닦을 때에는 비눗물을 묻힌 세척솔을 구부려 안쪽을 깨끗하게 닦습니다.

15 증발 접시, 도가니, 막자사발 · 도자기로 된 고체나 액체를 담아 가열할 때 사용되는 도구 ·

실험할 때 고체나 액체를 담아 가열할 때 사용하는 도구로는 증발 접시, 도가니, 막자사발이 있습니다. 이들은 도자기로 되어 있어 높은 온도에 견딜 수 있으므로 고체의 가열, 고체와 액체 혼합물에서 액체의 증발 등에 사용됩니다. 막자사발은 고체를 가루로 만들 때 사용됩니다.

❖ 증발 접시

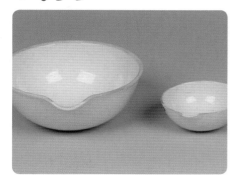

가열 직후의 증발 접시를 손으로 만지거나 물건 위에 올려놓지 않도록 하고 식힌 후 옮깁니다.

① 증발 접시는 쇠그물 위에 올려놓고 가열합니다.

② 가열한 증발 접시를 옮길 때에는 도가니 집게를 사용합니다.

❖ 도가니

도가니는 높은 온도로 가열하는 경우가 많으므로 옮길 때 도가니 집게를 사용합니다.

① 삼발이와 삼각 석쇠를 설치합니다.

② 그 위에 도가니를 올려놓고 가열합니다.

❖ 막자사발과 막자

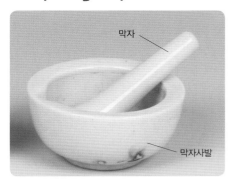

막자

막자사발

① 막자는 엄지손가락과 집게손가락이 아래로 향하도록 하여 감싸서 잡습니다.

② 막자를 쥐고 원을 그리면서 막자사발 속에 들어 있는 고체를 빻습니다.

16 거름 장치

•액체와 고체를 분리하는 데 사용되는 도구•

액체에 고체가 섞여 있는 혼합물에서 액체와 고체를 분리하려면 거름종이와 깔때기를 사용합니다. 가정에서는 커피를 거를 때나 차를 끓여 거를 때 특별히 만든 거름 장치를 사용합니다.

❖ 거름 장치에 필요한 기구들

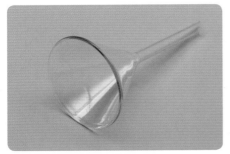

▲ 깔때기

▲ 거름종이

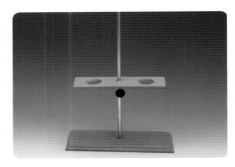

▲ 깔때기대

❖ 거름 장치 만들기

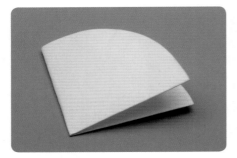

① 거름종이를 4등분으로 접습니다.

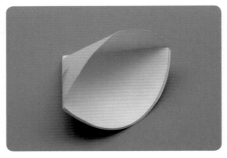

② 접힌 거름종이를 원뿔형으로 벌립니다.

③ 거름종이에 증류수를 뿌려 깔때기 안쪽에 꼭 붙게 합니다.

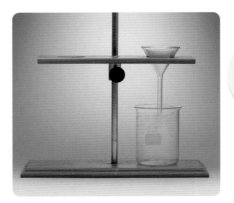

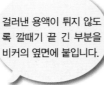

걸러낸 용액이 튀지 않도록 깔때기 끝 긴 부분을 비커의 옆면에 붙입니다.

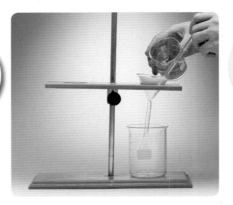

물에 녹지 않은 고체를 분리할 때에는 에탄올, 아세톤 등의 적당한 용매를 사용해야 합니다.

④ 깔때기대에 거름종이가 들어 있는 깔때기를 그림과 같이 걸쳐 놓고, 아래에 걸러낸 용액을 담을 수 있는 비커를 놓습니다.

⑤ 고체와 액체가 혼합된 용액을 유리 막대를 타고 천천히 흐르도록 붓고, 거름종이를 통해 아래 비커에 걸러 냅니다.

제**3**장 실전 탐구 활동

생 명

❖ **탐구 목표** 여러 가지 동물들의 차이점과 공통점을 찾을 수 있다.

❖ **준 비 물** 동물 사진, 동물 도감, 인터넷 자료

탐구 과정

　우리 주변에는 많은 동물들이 있습니다. 비슷한 생김새이지만 전혀 다른 특성을 가지기도 하고, 매우 다른 생김새이지만 공통점을 가진 것도 있습니다. 이러한 차이는 대부분 사는 곳에 따라, 먹이에 따라 나타납니다. 아래에 예시로 나온 동물 사진을 보고 비슷하게 생긴 것끼리 분류하고, 동물 도감이나 인터넷 자료를 찾아서 공통점과 차이점을 알아봅시다.

1. 하마

2. 잉어

3. 비버

4. 오리너구리

5. 돌고래

6. 개구리

7. 상어

8. 수달

9. 악어

1. 하마, 악어, 개구리의 공통점은 무엇일까요?

⇨ 하마, 악어, 개구리의 얼굴을 보면, 눈과 콧구멍이 거의 수평인 위치에 있습니다. 그래서 이 동물들은 물속에 있는 채로 눈과 콧구멍만 물 밖으로 내밀어서 숨을 쉴 수 있고, 볼 수 있습니다. 이런 생김새를 가지면 물속에 몸을 숨기다가 먹이를 사냥하기에 유리합니다.

2. 수달, 비버, 오리너구리의 공통점은 무엇일까요?

⇨ 모두 털을 가지고 있습니다. 그리고 물 주변에 서식하고 있으며, 물생활을 위한 물갈퀴를 가지고 있습니다. 또한 모두 젖을 먹여서 새끼를 키웁니다.

3. 돌고래, 상어, 잉어의 공통점은 무엇일까요?

⇨ 우선 모두 물속에서 사는 생물입니다. 지느러미를 가지고 있으며, 유선형의 몸을 가지고 있습니다. 비늘과 옆줄을 가지고 있으며, 아가미로 호흡합니다.

4. 하마, 악어, 개구리의 차이점을 알아봅시다.

⇨ 하마는 포유류이며, 아프리카의 호수나 늪지대에 살고 있습니다. 악어는 파충류이며, 하천이나 호수, 늪지대에 살고 있습니다. 개구리는 양서류이며, 논이나 연못 주변의 풀밭에 살고 있습니다.

5. 수달, 비버, 오리너구리의 차이점을 알아봅시다.

⇨ 수달은 주로 물고기를 먹는 육식동물입니다. 비버는 주로 나무껍질이나 싹을 먹는 초식동물입니다. 오리너구리는 조류와 포유류의 중간 단계로 생각되는 동물입니다. 포유류이지만 알을 낳으며, 생김새가 매우 독특합니다. 네 다리가 매우 짧고 물갈퀴가 달려 있습니다.

6. 돌고래, 상어, 잉어의 차이점을 알아봅시다.

⇨ 돌고래는 물속에 살고 있지만 포유류이며, 허파로 호흡하고 새끼를 낳습니다. 상어는 어류이며, 알로 태어나지만 부화해서 태어날 때까지 엄마의 몸속에 있습니다. 날카롭고 이빨이 겹겹이 있습니다. 잉어는 어류이며, 몸 밖으로 알을 낳아서 밖에서 알이 부화합니다.

알게 된 점

동물의 생김새를 보고 분류할 수 있습니다. 하지만 그렇게 분류한 동물끼리도 차이점이 있습니다. 이렇게 동물은 여러 가지 기준에 따라 분류할 수 있습니다.

🌐 과학의 창 날지 못하는 새가 있다고?

같은 '새'이지만 날지 못하는 종이 있습니다. 흔히 우리가 알고 있는 '타조'와 호주에 서식하는 '에뮤', 뉴질랜드에 서식하는 '키위 새'가 날지 못하는 새입니다. 놀랍게도 전 세계의 약 40여종의 새들이 이런 날지 못하는 '슬픔'을 공유하고 있습니다. 이들은 날개가 퇴화해 비행할 힘이 없고, 대신 지상에서 생활하기에 알맞은 튼튼한 다리가 발달되었습니다. 이들은 빨리 달릴 수는 있지만 날개를 쭉 펴고 맑은 하늘을 자유롭게 날아다니지는 못합니다.

그중 하나인 키위는 호주나 뉴질랜드가 있는 오세아니아 주에서만 서식하는 동물입니다. 오세아니아 주에는 키위의 포식자가 없고, 먹이를 구하기가 쉬웠기 때문에 굳이 날아야 할 이유가 없었습니다. 그래서 키위의 날개가 퇴화하는 방식으로 진화했습니다.

관찰

❖ **탐구 목표** 오징어의 생김새와 특징을 관찰할 수 있다.

❖ **준 비 물** 오징어 암수 각각 1마리, 해부용 가위, 해부 접시 2개, 핀셋, 일회용 장갑

탐구 과정

싱싱한 오징어를 이용하여야 구조(특히 내부)를 관찰하기 쉽습니다.

① 오징어를 해부 접시 위에 올려놓습니다.

② 일회용 장갑을 끼고 오징어의 겉모양을 관찰합니다. 특히 눈, 입, 머리, 다리, 몸통 등의 위치 및 모양을 자세히 관찰하여 외부 생김새를 그리고, 각 부위의 이름을 씁니다.

해부도구(수술용 메스, 의료용 가위 등) 중에는 날카로운 도구가 있으니, 다룰 때 주의하여야 합니다.

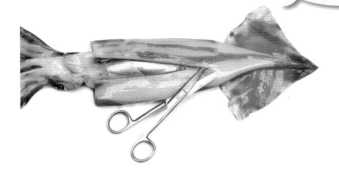

③ 배가 보이도록 놓고 몸통의 가운데를 해부용 가위로 자르고 벌립니다.

④ 오징어의 내부 생김새를 관찰합니다. 특히 먹물주머니, 심장, 아가미, 눈 등을 자세히 관찰하여 내부 생김새를 그리고, 각 부분의 이름을 씁니다.

실험을 하면서 그린 오징어의 외부 생김새와 이름을 아래 그림과 비교하여 봅시다.

[오징어 외부 구조와 이름]

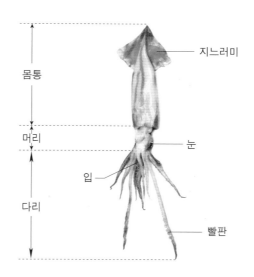

몸통

머리

다리

지느러미

눈

입

빨판

[오징어 내부 구조와 이름]

아가미 : 2개 있으며 주름이 많이 있어서 물속의 산소를 흡수할 수 있는 면적이 넓습니다.

심장 : 온몸으로 피를 보내는 역할을 합니다.

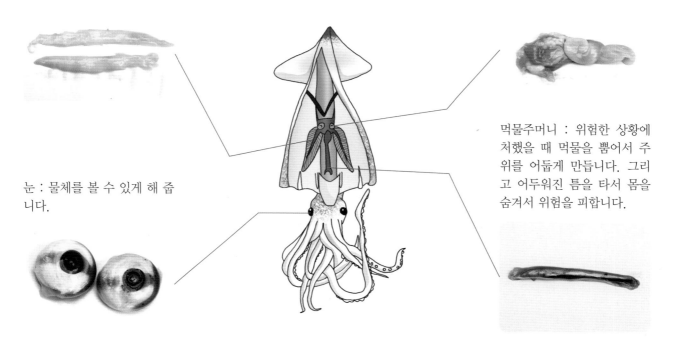

눈 : 물체를 볼 수 있게 해 줍니다.

먹물주머니 : 위험한 상황에 처했을 때 먹물을 뿜어서 주위를 어둡게 만듭니다. 그리고 어두워진 틈을 타서 몸을 숨겨서 위험을 피합니다.

알게 된 점

• 오징어는 다리와 몸통 사이에 머리를 가지고 있습니다.
• 배 쪽에 있는 깔때기는 외투막 속의 바닷물이나 배설물 등을 내보냅니다. 이렇게 물을 깔때기로 배출하며 그 반동으로 이동하기 때문에 오징어가 빠르게 움직일 수 있습니다.

생명

03 곤충의 관찰

관찰

❖ 탐구 목표 곤충을 직접 관찰하여 곤충의 특징을 이해할 수 있다.

❖ 준 비 물 투명하고 뚜껑이 있는 플라스틱 컵, 채집한 곤충(개미, 무당벌레, 사마귀, 잠자리, 나비 등), 돋보기, 자

탐구 과정

① 가까운 산이나 공원에 나가서 곤충을 채집합니다.

채집 중에 벌을 만나면, 쏘일 위험이 있으니 피하세요!

② 채집한 곤충을 투명한 플라스틱 통에 넣고 뚜껑을 닫습니다.

③ 돋보기를 사용하여 겉모양(몸의 영역 수, 더듬이의 수, 다리의 수, 날개의 수, 전체 모습)을 관찰합니다.

동물의 길이를 측정할 때에는 미리 눈금을 그려둔 흰 종이를 이용하면 좋습니다.

과학의 창   꿀벌은 무서운 동물일까? 착한 동물일까?

흔히 벌은 따끔한 침이 있어서 무섭다고 생각합니다. 하지만 사실 꿀벌은 얌전해서 우리가 먼저 건드리지만 않으면 거의 쏘이지 않습니다. 게다가 꿀벌은 가장 중요한 '꽃가루 전달자'입니다. 식물의 꽃가루가 다른 꽃으로 전달되어야 열매가 맺히는데, 이 임무를 꿀벌이 많이 합니다. 그래서 꿀벌의 수가 적어지면 나무가 잘 자라지 못하고, 사과, 배 같은 과일도 줄어들게 됩니다. 꿀벌은 달콤한 과일을 먹을 수 있게 해 주는 착한 동물입니다.

아래 예시에 나온 표처럼 관찰한 곤충의 특징을 써 봅시다.

특징 \ 곤충 종류	개미	무당벌레	사마귀
몸의 영역 수	3	3	3
더듬이의 수	2	2	2
다리의 수	6	6	6
날개의 수	0	4	4
전체 모습			

⇨ 관찰한 곤충의 몸의 영역 수, 더듬이의 수, 다리의 수가 같은 것을 알 수 있습니다. 날개의 수만 다릅니다. 위의 예시에 나온 곤충 말고도 다른 곤충을 채집했다면, 같은 기준에 맞춰서 관찰하고 같은 결과를 얻을 수 있는지 확인하여 봅시다.

난 날개가 있어요~

- 곤충은 머리, 가슴, 배의 세 부분으로 구분됩니다. 머리에는 1쌍의 더듬이와 눈이 있습니다. 가슴에는 3쌍의 다리와 2쌍의 날개가 있습니다. 배는 마디가 있습니다.
- 흔히 볼 수 있는 일개미는 날개가 없지만, 개미도 곤충에 속합니다. 원래 일개미에게도 날개가 있었지만 지금은 사라졌고, 여왕개미와 수컷개미에게는 날개가 남아 있습니다.

과학의 창

한국의 파브르, 정부희 박사님

사진 제공 : 길벗스쿨

♪ 거미가 줄을 타고 올라갑니다~~♬ 신나는 동요 속 가사입니다. 정말 거미가 줄을 타고 올라가는 것을 본 적이 있나요? 실제 거미는 줄을 '먹으며' 올라갑니다. 줄을 타고 올라가는 것은 자벌레입니다. 이런 우리나라의 재미있는 곤충이야기가 책으로 나와 있습니다. 바로 길벗스쿨에서 낸 정부희 박사님의 '우리 땅 곤충 관찰기'입니다.

프랑스의 '파브르 곤충기'는 다양한 곤충들의 생김새와 특징을 재미있는 이야기로 풀어내어 지금까지도 많은 사랑을 받는 책입니다. 하지만 우리 땅의 곤충은 다른 나라에 사는 곤충과 분명히 다릅니다. 그래서 우리 땅에 사는 곤충 이야기가 꼭 필요합니다. 정부희 박사님은 십여 년 동안 카메라와 노트를 들고 전국을 누비며 우리 곤충들의 생김새를 관찰하여 그 특징을 기록했고, 연구실에는 1만 개가 넘는 곤충표본이 있습니다. '우리 땅 곤충 관찰기'는 새로운 종들을 발견하고, 작은 곤충들이 무엇을 먹고 포식자의 눈을 어떻게 피하며, 어떤 방법으로 번식하여 살아가는지를 다룬 재미있는 책입니다. 우리 곤충들의 이야기를 듣고 싶지 않나요?

조사

분류

❖ **탐구 목표** 우리 주변에 있는 채소들의 특징을 알고 구분할 수 있다.

❖ **준 비 물** 채소 사진 30장

탐구 과정

우리가 즐겨먹는 채소 사진 30장을 준비합니다(49쪽 예시 참조). 2명이 번갈아가면서 사진을 골라, 우리가 이 채소의 어느 부위를 먹는지에 따라 분류하여 봅시다.

잎	줄기	뿌리	열매	꽃	씨앗

게임이 끝나면 정답을 맞추어 본 후, 많이 맞추는 사람이 이깁니다.

탐구 결과

1. 식물의 잎을 먹는 채소는 어떤 것이 있나요?

잎채소 : 청경채, 배추, 양배추, 쑥갓, 시금치, 케일, 상추, 양상추

2. 식물의 줄기를 먹는 채소는 어떤 것이 있나요?

줄기채소 : 감자, 연근, 고사리, 아스파라거스, 셀러리, 양파

3. 식물의 뿌리를 먹는 채소는 어떤 것이 있나요?

뿌리채소 : 생강, 마늘, 무, 고구마, 도라지, 당근, 래디시

4. 식물의 열매를 먹는 채소는 어떤 것이 있나요?

열매채소 : 오이, 가지, 토마토, 호박, 고추

5. 식물의 꽃을 먹는 채소는 어떤 것이 있나요?

꽃채소 : 브로콜리, 콜리플라워

6. 식물의 씨앗을 먹는 채소는 어떤 것이 있나요?

씨앗채소 : 옥수수, 완두콩

감자는 덩이줄기입니다.

마디

우리가 먹는 양파는 수분이 많은 잎으로 둘러싸인 비늘줄기입니다.

줄기

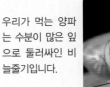

브로콜리는 이렇게 자랍니다.

알게 된 점

• 식물의 어느 부위를 먹느냐에 따라 분류할 수 있습니다. 다른 기준으로도 분류할 수 있을까요?

• 채소 사진 예시

1. 아스파라거스
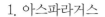

2. 셀러리

3. 고구마

4. 청경채

5. 연근

6. 래디시

7. 옥수수

8. 상추

9. 마늘

10. 오이

11. 브로콜리

12. 케일

13. 배추

14. 시금치

15. 가지

16. 당근

17. 양파

18. 무

19. 도라지

20. 토마토

21. 콜리플라워

22. 감자

23. 완두콩

24. 고사리

25. 생강

26. 양배추

27. 호박

28. 고추

29. 쑥갓

30. 양상추

관찰

❖ **탐구 목표** 여러 가지 꽃들의 생김새와 내부 구조를 알 수 있다.

❖ **준 비 물** 여러 종류의 꽃, 필기도구, 돋보기, 핀셋, 해부용 가위

유의점
해부용 가위는 날카로우므로 다룰 때 주의하여야 합니다.

탐구 과정

① 준비한 여러 가지 꽃을 핀셋으로 들고, 돋보기를 사용하여 겉모양을 관찰하여 봅시다.

② 겉모양만으로 구조를 파악하기 어려우면, 해부용 가위를 사용해서 꽃을 해부하면서 관찰하여 봅시다.

③ 꽃의 꽃잎 개수, 꽃받침, 암술과 수술의 개수를 관찰하여 봅시다.

꽃잎은 꽃을 이루고 있는 낱낱의 조각 잎으로 암술과 수술을 보호하는 중요한 역할을 합니다.
꽃받침은 꽃의 구성 요소이며, 가장 바깥쪽에서 꽃잎을 받치고 있는 꽃의 보호 기관입니다.
수술은 식물 생식 기관이며, 꽃가루를 만듭니다.
암술은 꽃의 중심부에 있는 식물 생식 기관이며, 수술의 꽃가루를 받아 씨와 열매를 맺게 합니다.

1. 봄꽃 몇 가지를 대상으로 조사한 예시가 아래에 나와 있습니다. 자신이 조사한 꽃과 비교하여 봅시다.

〈개나리〉 꽃잎 1개(4갈래), 꽃받침 4개, 암술 1개, 수술 2개

〈철쭉〉 꽃잎 1개(5갈래), 꽃받침 5개, 암술 1개, 수술 10개

〈목련〉 꽃잎 6~9개, 꽃받침 3개, 암술 1개, 수술 30~40개

〈벚꽃〉 꽃잎 5개, 꽃받침 5개, 암술 1개, 수술 다수

〈민들레〉 꽃잎 1개(200여 개), 꽃받침 1개, 암술 1개(200여 개), 수술 1개(200여 개)

〈튤립〉 꽃잎 6개, 꽃받침 없음, 암술 1개, 수술 6개

2. 개나리와 철쭉의 꽃잎은 여러 개로 보이는데 왜 하나일까요?

⇨ 개나리의 꽃잎 위쪽을 보면 4갈래로 갈라져 있고, 철쭉의 꽃잎 위쪽을 보면 5갈래로 갈라져 있어서 마치 꽃잎의 개수가 여러 개인 것으로 보입니다. 하지만 꽃잎 아래 부분을 자세히 보면 밑부분은 붙어 있어서 하나의 꽃잎인 것을 알 수 있습니다. 이런 꽃을 통꽃이라고 부릅니다.

3. 목련과 벚꽃의 꽃잎은 갈라져 있나요?

⇨ 목련과 벚꽃을 해부용 가위로 조심히 갈라보면, 꽃잎이 모두 떨어져 있는 것을 알 수 있습니다. 이렇게 꽃잎의 아래 부분이 붙어 있지 않아서, 각각 떨어질 수 있는 것은 갈래꽃이라 부릅니다.

4. 민들레 꽃잎은 여러 개로 보이는데 왜 하나일까요?

⇨ 민들레는 많은 꽃이 꽃대의 끝에 뭉쳐 붙어서 머리 모양을 이룬 꽃이며, 두상화라고 부릅니다. 우리가 민들레꽃에서 꽃잎 한 장이라고 생각했던 것은, 실제로는 완전한 꽃 하나입니다. 자세히 살펴보면 말풍선 안의 사진처럼 꽃잎 한 장마다 암술과 수술이 모두 구성되어 꽃 하나를 이루는 것을 볼 수 있습니다. 이렇게 작은 꽃 200여 개가 모여서 우리가 보통 생각하는 민들레꽃을 이룹니다.

5. 튤립은 왜 꽃받침이 없을까요?

⇨ 꽃의 구성요소는 꽃잎, 꽃받침, 암술, 수술입니다. 이런 구성요소 중 하나라도 없으면 안갖춘꽃이라고 부릅니다. 튤립은 꽃받침이 없기 때문에 안갖춘꽃입니다. 4가지 구성요소를 모두 갖추면 갖춘꽃이라고 부릅니다.

알게 된 점

• 꽃은 씨와 열매를 맺게 하는 식물의 기관이며, 암술, 수술, 꽃잎, 꽃받침으로 이루어져 있습니다.
• 꽃잎의 개수는 꽃마다 모두 다릅니다.
• 개나리와 철쭉은 통꽃이고, 목련과 벚꽃은 갈래꽃입니다.
• 민들레는 두상화입니다.
• 튤립은 안갖춘꽃이고, 개나리, 철쭉, 목련, 벚꽃, 민들레는 갖춘꽃입니다.
• 꽃잎의 개수는 달라도 암술의 개수는 모두 1개이고, 꽃잎의 개수가 많아지면 수술의 개수도 많아집니다.

탐구 과정

우리가 생활에서 편리하게 사용하는 많은 것들이 여러 생물의 특성을 관찰하여 모방한 것입니다. 인간이 기술을 발전시키면서 환경에 주었던 나쁜 영향들을 생각하여 본다면, 자연과 더불어 살아가는 여러 생물들의 장점을 본받는 것은 지구의

생물의 특징	적용사례

◀ 물총새

물총새가 물속으로 다이빙을 할 때, 뾰족하고 긴 부리를 내린 상태로 갑니다. 이러한 형태는 공기 저항을 최대한 줄여, 빠른 속도로 다이빙을 할 수 있게 합니다. 이렇게 빠르게 다이빙을 해야 물고기 사냥을 성공할 확률이 높아집니다.

◀ 일본 고속 철도(신칸센)

초기의 일본 고속철도는 소음이 크고, 빠르게 가속되지 않아 고민이었습니다. 공학자들이 연구 끝에 열차 앞면을 물총새의 부리 모양으로 바꾸었더니 문제가 해결되었습니다.

◀ 올빼미의 깃털

올빼미는 여러 개의 날개가 겹겹이 있으며, 뒤쪽으로 갈수록 폭이 가늘어집니다. 속에 있는 부드러운 솜털이 날갯짓 소리를 흡수해 소리 없이 먹잇감에 접근할 수 있습니다.

◀ 선풍기 날개

초기 선풍기는 바람을 낼 때 소음이 매우 심했습니다. 새의 날개를 본 떠 면적이 큰 것을 여러 장 사용하고 굽은 부분을 매끄럽게 처리하여 문제를 해결하였습니다.

탐구 결과

1. 일본 고속철도의 앞부분은 물총새 부리를 따라 만들었습니다. 이로 인해 얻을 수 있는 이점은 무엇일까요?

  ⇨ 공기저항이 줄어들면서 소음이 적어지고 속도도 빨라지면서 효율성이 좋아졌습니다.

2. 선풍기의 날개는 올빼미의 날개를 본따서 만들었습니다. 이로 인해 얻을 수 있는 이점은 무엇일까요?

  ⇨ 공기저항이 줄어들면서 소음이 적어졌습니다.

3. 옷감의 표면에 수없이 많은 돌기를 만들었습니다. 이로 인해 얻을 수 있는 이점은 무엇일까요?

  ⇨ 물방울이 옷감에 스며들지 못하게 합니다. 생활하다가 옷에 물을 흘려도 옷이 젖거나 더러워지지 않아 훨씬 사용하

미래를 위해 매우 중요합니다. 자연을 모방한 기술은 어떠한 것들이 있을지 백과사전이나 신문기사, 인터넷 자료 등을 찾아보면서 조사하여 봅시다.

생물의 특징	적용사례

◀ 연잎

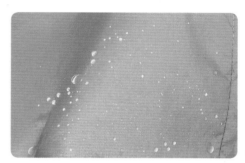

◀ 방수천

연잎의 표면에는 눈에 보이지 않는 아주 미세한 돌기가 수없이 있습니다. 그리고 그 돌기가 방수재질로 코팅되어 있기 때문에, 물이 스며들지 않습니다.

연잎의 표면처럼, 옷감의 표면에 수없이 많은 돌기를 만들어 주었습니다. 그러면 옷에 물이 쏟아져도 스며들지 않고 물이 뭉쳐서 자연스럽게 떨어집니다.

◀ 넓게 퍼져 있는 뿌리

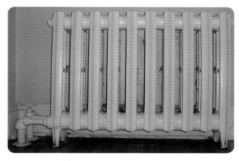

◀ 라디에이터

넓게 퍼져 있는 식물의 뿌리털은 흙 속의 양분을 흡수하기 위하여 면적을 최대로 넓히는 구조입니다.

라디에이터의 표면을 보면 식물의 뿌리털처럼 얇은 판을 여러 개 겹쳐서 표면적을 늘린 구조입니다.

기 편리해집니다.

4. 라디에이터는 얇은 판이 겹쳐진 형태로 만들었습니다. 이로 인해 얻을 수 있는 이점은 무엇일까요?

⇨ 표면적이 증가하여 열이 더 많이 나오고, 주변의 공기를 더 빠르게 데워서 더 좋은 효율을 얻을 수 있게 됩니다.

알게 된 점

• 자연의 모습을 따라서 만든 생체모방을 곳곳에서 발견할 수 있습니다.

• 생체모방의 다른 예시를 백과사전이나 신문기사, 인터넷 자료 등을 통해 찾아봅시다.

❖ 탐구 목표 달걀에서 어미 닭이 되는 과정을 관찰할 수 있다.

❖ 준 비 물 접시, 돋보기, 카메라, 달걀(유정란), 백과사전, 동물도감, 인터넷 자료

유의점
무정란이 아닌 유정란을 준비해야 합니다.

탐구 과정

달걀은 타원형이며, 단단한 껍질에 싸여 있습니다.
① 알을 낳는 동물은 어떤 것이 있는지 백과사전이나 동물도감 혹은 인터넷으로 조사하여 봅시다.
② 달걀을 깨서 달걀의 구조가 어떠한지 확인하여 봅시다.

▲ 달걀

6개월쯤 지나면 다 자란 닭이 됩니다. 몸이 모두 깃털로 덮이고 볏이 확실하게 섭니다. 그리고 암탉은 알을 낳습니다.
④ 병아리와 닭의 특징을 비교하여 봅시다.

닭 ▶

◀ 부화

어미닭이 달걀을 21일 동안 품고 있으면, 병아리가 부리를 사용하여 알 껍질을 깨고 나옵니다.
③ 달걀의 부화조건을 조사하여 봅시다.

▲ 중닭

▲ 병아리

병아리를 30일 정도 키우면 솜털이 깃털로 바뀌면서 우리가 알고 있는 닭의 모습과 가까워집니다.

귀여운 병아리는 노란색 솜털로 덮여 있습니다.

1. 알을 낳는 동물로는 닭 말고 어떤 동물들이 있나요?

⇨ 물고기, 곤충, 새 등은 알을 낳습니다. 메추리, 비둘기, 참새, 오리, 거위, 칠면조, 타조, 원앙새, 거북, 악어 등이 알을 낳는 동물입니다.

2. 달걀을 깨서 관찰하여 보면, 어떤 특징들을 관찰할 수 있나요?

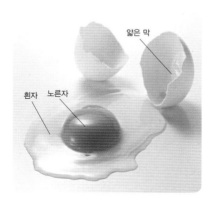

⇨ 달걀을 깨서 관찰하면 노른자와 흰자, 얇은 막을 관찰할 수 있습니다. 흰자 부위는 수분과 단백질 함량이 높고, 노른자 부위는 단백질, 지방, 비타민 함량이 높습니다. 달걀 안에서 병아리가 생겨날 때, 이러한 영양분을 사용합니다. 얇은 막은 병아리가 되는 기간 동안 외부에서 세균이 침입하지 못하도록 도와줍니다. 그리고 한쪽에 공기주머니가 있는데, 이 부분을 통해서 병아리가 숨을 쉽니다.

3. 달걀에서 병아리가 부화할 수 있는 조건으로는 어떤 것이 있나요?

⇨ 약 37.5 ℃의 온도가 유지되어야 하므로 따뜻한 곳에 두어야 합니다. 그리고 50~60 %의 습도를 유지하다가, 부화하기 3일 전에는 70~80 %의 습도여야 합니다. 또한 가끔씩 알을 굴려줘야 나중에 알 껍질과 노른자가 달라붙는 현상을 막을 수 있습니다.

4. 병아리와 닭은 어떤 점이 다른가요? 그리고 어떤 점이 같은가요?

구 분	병아리	닭
차이점	• 암수를 구별하기 어렵습니다. • 몸이 노란색 솜털로 덮여 있습니다. • 작은 볏을 가지고 있습니다. • '삐약 삐약'하고 웁니다.	• 암수를 뚜렷하게 구분할 수 있습니다. • 몸이 갈색 깃털로 덮여 있습니다. • 크고 뚜렷한 볏을 가지고 있습니다. • '꼬꼬댁'하고 웁니다.
공통점	• 두 다리와 날개가 있습니다. • 잘 날지 못합니다. • 곡식, 곤충, 채소 등과 같은 먹이를 먹습니다.	

알게 된 점

• 달걀에서 병아리로, 병아리에서 어린 닭으로, 어린 닭에서 닭이 되고, 닭이 알을 낳는 닭의 한살이를 알 수 있습니다.
• 새끼 대신 알을 낳는 동물이 있습니다.
• 달걀 안에는 병아리가 만들어질 수 있는 모든 재료가 들어 있습니다.
• 따뜻한 온도와 적당한 습도가 유지되어야 달걀이 병아리로 부화할 수 있습니다.
• 병아리는 몸이 노란색 솜털로 덮여 있습니다. 그러다가 닭으로 자라면서 짙은 색의 깃털로 점점 바뀌게 됩니다. 그리고 다 큰 닭이 되면 암컷과 수컷의 구분이 확실해지는데, 수탉은 암탉에 비해 볏과 꽁지깃이 길고 화려합니다.

❖ 탐구 목표 식물이 싹트는 데 필요한 온도조건을 알 수 있다.

❖ 준 비 물 상추씨, 투명 컵, 솜, 온도계, 물, 검은 천

탐구 과정

① 상추씨를 구입하여 10개씩 비닐에 넣어서 A, B, C, D 로 표시합니다.

② 4개의 투명 컵에 솜을 깔고, 각 컵에 A, B, C, D 씨앗 을 넣습니다.

③ 투명 컵 안의 솜이 흠뻑 젖도록 물을 충분히 줍니다.

▲ 냉장고 보관   ▲ 실온 보관

④ A 컵은 냉장실에 두고, B 컵은 20~25 ℃의 따뜻한 곳 에 둡니다.

⑤ 일주일 동안 관찰하여 싹이 트는 개수와 싹이 트는 데 걸 린 일수를 기록합니다. 물은 하루에 한 번씩 솜이 마르지 않을 정도로 줍니다.

⑥ C, D 컵 모두 20~25 ℃의 따뜻한 곳에 둡니다. C 컵 위 에는 검은 천을 덮어 두고, D 컵 위에는 아무 것도 덮지 않습니다.

⑦ 일주일간 관찰하여 싹이 트는 개수와 싹이 트는 데 걸린 일수를 기록합니다.

1. A, B 컵에서 싹이 트는 개수와 싹이 트는 데 걸린 일수를 기록한 것을, 아래의 예시와 비교하여 봅시다.

구 분	냉장실에 둔 씨앗(A)	20~25 ℃의 따뜻한 곳에 둔 씨앗(B)
싹튼 개수(개)	0	10
싹이 트는 데 걸린 시간(일)	–	3~4

⇨ 냉장실에 둔 씨앗(A)에서는 싹이 트지 않았습니다. 그러나 20~25 ℃의 따뜻한 곳에 둔 씨앗(B)은 3~4일이 지나자 싹이 트기 시작했습니다.

2. C, D 컵에서 싹이 트는 개수와 싹이 트는 데 걸린 일수를 기록한 것을, 아래의 예시와 비교하여 봅시다.

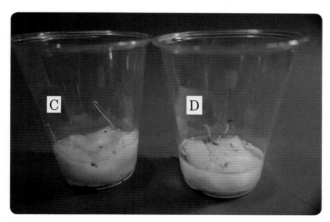

구 분	어두운 곳에 둔 씨앗(C)	밝은 곳에 둔 씨앗(D)
싹튼 개수(개)	2	10
싹이 트는 데 걸린 시간(일)	5~6	3~4

⇨ 어두운 곳에 둔 씨앗(C)보다 밝은 곳에 둔 씨앗(D)이 더 빨리, 더 많이 싹트는 것을 알 수 있습니다.

알게 된 점

• 알맞은 온도에 보관해야 싹이 트는 것을 알 수 있습니다.
• 알맞게 빛을 쬐어야 싹이 더 잘 트는 것을 알 수 있습니다.

❖ 탐구 목표 목화씨가 싹이 터서 자라는 과정을 관찰할 수 있다.

❖ 준 비 물 목화씨, 흙, 송곳, 종이컵, 페트병, 스마트폰, 사진기

탐구 과정

〈씨앗〉
목화솜 속에는 씨가 들어 있습니다. 이 솜털을 벗겨낸 후에 물에 하루 정도 담가 두었다가 심습니다.
① 목화씨를 심을 때 유의하여야 할 점을 알아봅시다.

〈목화씨 심기〉
종이컵 바닥을 송곳으로 뚫고 흙을 담습니다. 그리고 2~3 cm 깊이의 구멍을 파고 목화씨를 심습니다. 하루에 한 번씩 물을 줍니다.

〈목화솜〉
목화 꽃이 지면 목화솜이 생깁니다.
③ 꽃이 솜이 되는 과정을 자세하게 알아봅시다.

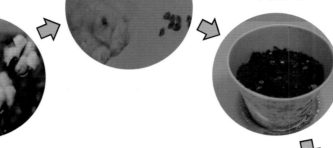

〈목화 꽃〉
다 자라면 목화에서 꽃이 핍니다.

〈목화 싹〉
1주일 정도 지나면 싹이 트고, 10일 정도 지나면 떡잎이 나옵니다. 20일 정도 지나면 본잎이 나옵니다.
② 떡잎이 무엇인지 알아봅시다.

〈다 자란 목화〉
자라는 것에 따라 더 큰 곳에 키웁니다. 점점 잎이 많아지고 줄기도 굵어집니다.

〈중간 정도 자란 목화〉
어느 정도 자라면 화분갈이를 해서 더 큰 곳에서 자랄 수 있게 해 줍니다.

1. 목화씨를 심을 때 유의하여야 할 점을 알아봅시다.

⇨ 보통 4월이면 심는데, 6월 초·중순까지도 심을 수 있습니다. 목화씨는 껍질이 아주 딱딱하여 싹이 잘 트지 않습니다. 씨에 붙어 있는 솜을 손으로 비벼서 제거한 후에, 반드시 물에 불려서 심어야 합니다.

2. 떡잎이 무엇인지 알아봅시다.

⇨ 싹이 틀 때 가장 먼저 나오는 잎을 떡잎이라고 합니다. 떡잎 사이에서 줄기가 나오고 이어서 본잎이 나옵니다. 본잎이 나올 때쯤이면 떡잎은 가지고 있던 양분을 다 써서 시들고, 새로 나온 본잎이 광합성을 하여 필요한 양분을 스스로 만들어 살아갑니다. 속씨식물의 쌍떡잎식물에서는 떡잎 2개가 마주나고, 외떡잎식물에서는 떡잎이 1개만 납니다. 목화는 쌍떡잎식물입니다.

3. 꽃이 솜이 되는 과정을 자세하게 알아봅시다.

 ⇨  ⇨  ⇨

⇨ 꽃이 지면, 그 자리에 꼬투리가 생깁니다. 시간이 지나면 꼬투리가 터지고 안에 있던 목화솜이 나타납니다.

알게 된 점

• 목화씨는 물, 햇빛, 공기가 있으면 싹이 틉니다.
• 목화씨는 4~6월에 심으며, 솜털을 모두 제거해야 합니다. 그리고 물을 많이 주는 것이 중요합니다.
• 씨에서 싹이 날 때, 가장 먼저 나오는 잎이 떡잎입니다.
• 자라면 꽃이 피고 그 후에 열매가 생깁니다. 열매는 시간이 지나면 변해서 목화솜을 만듭니다.

과학의 창

우리나라에 목화가 언제 들어왔을까?

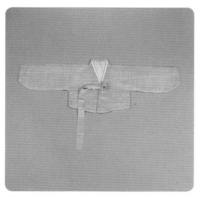

출처 : 국립중앙박물관 e뮤지엄의 명주솜 저고리

우리나라에 목화를 처음으로 들여온 사람은 고려 말기의 학자인 문익점입니다. 그가 사신으로 원나라에 갔을 때, 목화를 처음 보게 되었습니다. 문익점은 목화솜을 이용해 따뜻한 옷을 만들어 입는 것을 보고 우리나라 백성들이 추위에 떠는 것이 생각났습니다. 그래서 돌아올 때 목화씨를 붓대 속에 몰래 감추어 가지고 왔습니다. 고려에 돌아와 재배를 시도했으나 겨우 한 그루만 살아남아 실패하는 것처럼 보였지만, 3년 동안 끈질기게 노력하여 마침내 전국적으로 목화를 키울 수 있게 되었습니다. 그 뒤 중국 스님에게 옷을 만드는 방법을 배워서, 우리 나라 사람들은 비로소 따뜻한 무명솜옷을 입을 수 있게 되었습니다. 문익점은 우리나라 백성에게 따뜻한 옷을 선물한 분입니다.

곰팡이 관찰

❖ 탐구 목표 곰팡이의 생김새와 특징을 관찰할 수 있다.

❖ 준 비 물 반으로 자른 레몬, 2 L 페트병, 랩, 돋보기, 스카치테이프, 현미경, 받침 유리

탐구 과정

이때 레몬이 물에 잠기지 않도록 주의해야 합니다.

① 페트병을 반으로 자른 뒤, 페트병 윗부분을 뒤집어서 반으로 자른 레몬을 넣습니다.

② 페트병 아랫부분에 물을 넣은 뒤 사진처럼 페트병 윗부분을 아랫부분에 끼웁니다. 그리고 위에 랩을 씌운 후 따뜻한 곳에 둡니다.

③ 일주일 후 레몬의 표면을 맨눈으로 관찰하여 봅시다. 또한 돋보기를 사용하여 레몬의 표면을 관찰하고, 표면에 생긴 곰팡이 사진을 찍습니다.

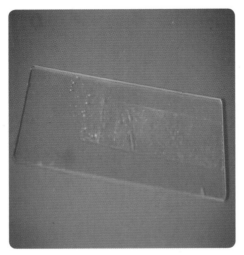

④ 스카치테이프를 레몬 표면의 곰팡이에 살짝 대었다가 떼어서 받침 유리에 붙입니다.

⑤ 레몬 주변에 어떤 변화가 생겼는지 현미경으로 관찰하여 봅시다(300~600배율).

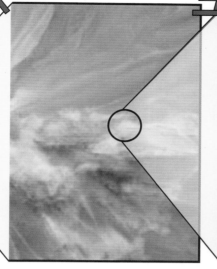

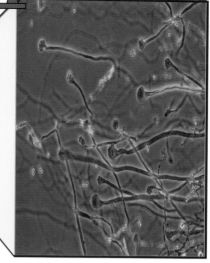

1. 맨눈으로 관찰했을 때에는 어떤 변화를 볼 수 있나요?

⇨ 레몬 표면에 다양한 색깔의 곰팡이가 자란 것을 관찰할 수 있습니다.

2. 돋보기로 관찰했을 때에는 어떤 것을 볼 수 있나요?

⇨ 돋보기로 살펴보면 가는 실들이 뭉쳐 있는 것을 관찰할 수 있습니다.

3. 현미경으로 관찰했을 때에는 어떤 것을 볼 수 있나요?

⇨ 각각의 곰팡이가 보입니다.

알게 된 점

• 곰팡이를 현미경으로 관찰하면 가는 실(균사)이 뭉쳐 있는 것처럼 보입니다. 곰팡이는 이러한 실 부분을 통해 영양분을 흡수하면서 살아갑니다.

• 곰팡이의 색은 매우 다양하며, 표면을 자세히 보면 작은 점(포자)들이 뿌려져 있습니다. 이렇게 눈에 잘 보이지도 않는 작은 포자는 적절한 환경에서 곰팡이의 씨앗이 됩니다.

🌏 과학의 창

곰팡이는 꼭 나쁜 것일까?

우리는 보통 벽이나 타일 사이에 곰팡이가 끼어 더러워지거나, 맛있는 음식에 곰팡이가 피어서 먹을 수 없게 되는 경우를 자주 보게 됩니다. 실제로 곰팡이 때문에 우리가 병에 걸리는 경우가 있습니다. 하지만 곰팡이가 모두 나쁜 것일까요? 사실 곰팡이는 우리 생활 곳곳에서 이용됩니다.

푸른 곰팡이를 이용해서 맛있는 치즈를 만들 수 있습니다. 곰팡이 자체의 색깔 덕분에 치즈는 푸르스름한 색을 띠며, 훨씬 더 쫀득쫀득한 질감과 깊은 맛을 지니는데 이것을 블루치즈라고 부릅니다. 하지만 무엇보다 푸른곰팡이는 최초의 항생제인 페니실린을 만든다는 점에서 놀랍습니다. 1928년 영국의 플레밍이 처음으로 발견한 이 물질은 곰팡이에서 만들어지는 물질로, 병을 일으키는 세균의 바깥막을 망가뜨리고 세균을 죽여서 병을 낫게 합니다. 이외에도 곰팡이는 우리 삶에 다양하게 이용되고 있습니다.

곰팡이는 혼자 살지 않습니다. 주변의 다른 생명체와 더불어 살아가며 환경에 여러 가지 영향을 미칩니다. 그것이 때때로 좋은 영향이 아닐 때도 있지만 우리와 더불어 살아가는 소중한 생명체인 것은 분명합니다. 좀 더 관심을 가져보는 것은 어떨까요?

관찰

❖ **탐구 목표** 물속에 사는 작은 생물의 생김새와 특징을 알 수 있다.

❖ **준 비 물** 현미경, 플라스틱 컵, 1회용 스포이트, 받침 유리, 덮개 유리, 연못물, 돋보기

연못물을 구하기 어렵다면, 인 터넷의 생물 관련 사이트를 통 해 해캄과 짚신벌레를 구입할 수 있습니다.

탐구 과정

① 연못의 물을 나뭇잎이나 짚 등과 함 께 떠서 투명한 플라스틱 컵에 조 금 부어 돋보기로 관찰하여 봅시다.

② 바닥의 물을 한 방울 떠서 받침 유 리에 떨어뜨리고 덮개 유리를 덮습 니다.

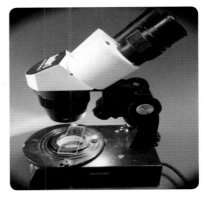

③ 현미경으로 관찰하여 봅시다.

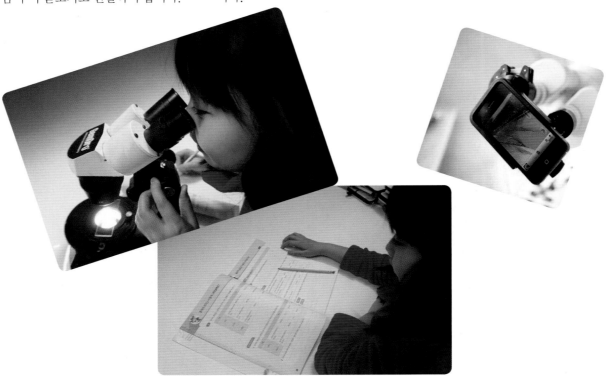

④ 관찰한 생물을 간단히 그리거나 사진을 찍고, 생물도감을 사용하여 생물의 이름을 알아보고 각각의 특징을 기록합니다.

현미경을 통해 관찰하고 도감을 통해 알아본 생물의 특징을 다음 예시처럼 적어 봅시다.

▼ 해캄

- 초록색입니다.
- 머리카락처럼 가늘고 긴 모양입니다.
- 한곳에 뭉쳐서 생활합니다.

▼ 짚신벌레

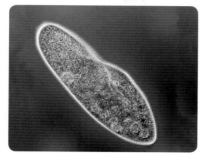

- 색깔이 회색이며, 끝이 둥근 원통 모양입니다.
- 여기저기 다니며 움직입니다.
- 벌레처럼 움직이지만 다리가 없습니다.

▼ 반달말

- 초록색입니다.
- 반달 모양입니다.
- 한곳에 뭉쳐 있습니다.

알게 된 점

- 우리 눈에 보이지는 않지만, 물속에 다양한 생물들이 살고 있음을 확인할 수 있습니다.
- 식물성 플랑크톤은 광합성을 하여 스스로 양분을 만들어 살아갑니다. 그래서 현미경으로 보면 녹색의 엽록체를 관찰할 수 있습니다. 해캄, 돌말, 장구말, 반달말, 클로렐라 등이 있습니다.
- 동물성 플랑크톤은 식물성 플랑크톤이나 작은 동물성 플랑크톤을 먹이로 삼으며 살아갑니다. 유글레나, 짚신벌레, 종벌레, 아메바 등이 있습니다.

과학의 창

물속의 작은 생물을 어떻게 우리 생활에 활용할 수 있을까?

사진 제공 : 해양수산부

지금까지 살펴 본 것처럼, 물속에는 현미경으로 관찰할 수 있는 작은 생물이 있습니다. 매년 여름이면 강이나 하천에 녹조 현상이 나타나는 것을 본 적이 있을 것입니다. 그것이 바로 물속의 작은 생물 때문에 생기는 현상입니다. 이들은 엄청난 번식력으로 퍼져 악취를 유발하고, 독성물질을 만들어서 물속 생태계를 위험하게 만듭니다.

하지만 이러한 물속의 작은 생물을 사용하여 천연연료를 만드는 방법이 개발되고 있습니다. 우리나라는 연료 자원이 매우 부족해서 대부분을 다른 나라에서 가져와서 사용합니다. 물속의 작은 생물(미세조류)을 이용한 바이오디젤(연료)은 물과 공기와 태양만 있으면 어디서든 대량으로 생산할 수 있고, 지구 온난화를 유발한다고 알려진 이산화 탄소를 줄이는 효과까지 가져오기 때문에 크게 기대되고 있습니다.

우리나라에서도 개발사업을 추진 중이며, 현재 서해 영흥도 앞에 세계 최초의 해양 배양장을 설치하였습니다. 2015년에는 해양 바이오디젤 혼합연료를 사용하여 서울에서 부산까지 약 400 km를 차로 이동하는 데 성공하였습니다. 곧 우리들은 물속의 작은 생물이 만들어낸 저렴하고 깨끗한 바이오디젤을 차에 채우고 우리나라 구석구석을 여행할 수 있을 것입니다. 앞으로 지속적인 연구를 통해 물속의 작은 생물이 우리나라의 경제발전뿐 아니라 환경 보존에도 기여할 것을 기대하여 봅시다.

용어정리

EM이란? Effective Microorganism의 약어로 광합성 세균, 효모, 유산균, 누룩균, 방선균 등 유용한 친환경 미생물들로 이루어진 약 80여 종의 세균 연합입니다. EM 원액은 온라인쇼핑몰에서 구할 수 있습니다. 동네 주민센터에서 배포하는 경우도 있으니 한 번 알아보세요. 아니면 근처에 EM 발효액을 사용하는 사람이 있으면 소량 얻어서 사용하여도 좋습니다.

❖ **탐구 목표** 미생물을 이용하여 유용한 물질을 얻을 수 있다.

❖ **준 비 물** 당밀이나 설탕, EM 원액, 깔때기, 쌀뜨물, 2 L 페트병, 500 mL 페트병, 페트병 뚜껑

탐구 과정

① 신선한 쌀뜨물(쌀을 처음 씻은 물과 두 번째 씻은 진한 물)을 2 L 페트병에 1.5 L 정도 넣습니다.

② EM 원액을 20 mL 넣은 후, 뚜껑을 잘 닫고 살짝 흔들어줍니다.

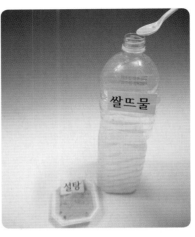

③ 당밀이나 설탕을 숟가락으로 3~4번 넣습니다.

⑤ 7~10일 정도 지난 후에 사용합니다.

EM 원액에는 살아 있는 미생물이 있으므로 냉장보관하면 활성이 떨어질 수 있습니다. 그리고 개봉한 EM 발효액은 금방 사용해야 하기 때문에 작은 용기에 나눠 담는 것이 좋습니다.

④ 작은 페트병(500 mL)에 나눠 담고 잘 밀폐하여 일정 온도(20~40 ℃)가 유지되는 곳에 놓아 둡니다.

Tip

발효가 시작되면 가스가 발생합니다. 가끔씩 병을 지켜보다가, 병이 부풀어 오르면 뚜껑을 꼭! 천천히 열어 가스를 살짝 내보낸 후에 뚜껑을 다시 꼭 닫아야 합니다.

약 38 ℃ 정도에서 발효가 가장 잘 되므로 더운 여름에는 7일, 봄이나 가을에는 열흘, 추운 겨울에는 보름 정도 밀폐해서 발효하여야 합니다. 겨울에는 쌀뜨물을 미지근하게 데워서 사용하여도 좋습니다.

과학의 창 — EM 발효액의 효과

1. 부패균을 억제하고 악취를 제거하여 좋은 공기를 만듭니다.
2. 유용미생물을 정착시켜 자연이 점차 자정능력을 되찾게 합니다. 그래서 결국 환경오염이 줄어들게 됩니다.
3. 목욕을 하거나 세안을 할 때 사용하면 피부를 깨끗하게 만듭니다. 아토피나 무좀 등에 사용하여도 효과가 있습니다.

탐구 결과

1. EM 발효액을 만들 때 가스가 생겼나요?

⇨ 중간에 가스가 생겨서 천천히 뚜껑을 열어 가스를 빼 주었습니다. 다 완성될 쯤에는 가스가 거의 생기지 않았습니다.

2. 완성된 EM 발효액에서는 어떤 냄새가 나요?

⇨ 썩은 냄새는 아닌 쉰내가 약간 나면서 레몬향 같은 새콤달콤한 냄새가 살짝 납니다.

알게 된 점

• 미생물 중에는 이로운 것도 있습니다. 이로운 미생물 집단인 EM을 이용한 발효액을 만들어서 생활에 유용하게 사용할 수 있음을 알 수 있습니다.
• 만약 EM 발효액을 만들 때 가스가 생기지 않았다면, 설탕이 너무 많이 들어갔거나 공기가 들어간 것입니다.
• 식품을 발효하는 목적은 다양한 영양소를 제공하고, 발효 과정에서 생성되는 여러 화학물질들이 잡균의 번식을 억제하여 영양, 맛, 저장성을 높이는 것입니다. 우리 조상들은 이미 오래전부터 발효를 이용한 식생활을 했습니다. 김치나 된장 등이 바로 발효식품입니다.

> 희석액은 하루 정도 지나면 썩어버립니다. 그러니 필요할 때마다 발효액을 희석해서 사용하는 것이 좋습니다. 발효액은 한 달 정도 보관할 수 있습니다.

또 다른 탐구

욕실청소세제 만들기

앞에서 만든 EM 발효액을 이용하여 봅시다. 우선 500 mL 페트병을 준비하고, EM 발효액 5 mL를 넣습니다. 나머지는 모두 물로 가득 채웁니다. 흔들어서 가볍게 섞은 후에 바로 욕실청소에 사용할 수 있습니다.

타일 사이사이에 물때가 많이 끼어 있습니다.

◀ 청소 전

타일 사이의 물때가 사라지고, 원래의 하얗고 깨끗한 모습을 되찾았습니다.

◀ 청소 후

그 외 비누, 화장품을 만들 때 사용하거나 희석하여 주방세제나 린스, 탈취제처럼 사용할 수 있습니다.

13 효모의 작용

탐구 과정

① 밀가루 230 g과 소금 3 g, 설탕 20 g을 넣고 잘 섞어둔 후에 반으로 나누어 각각 다른 볼에 담습니다. 각각의 볼을 A와 B라고 표시합니다. 그리고 A와 B에 다음과 같이 내용물을 넣습니다.

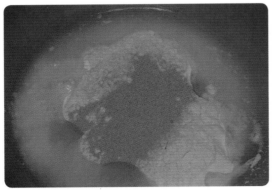

볼	내용물
A	건조 효모 넣지 않음 + 미지근한 물 65 mL
B	건조 효모 4 g + 미지근한 물 65 mL

물이 너무 뜨거우면 효모가 죽어버리니까 미지근한 물을 사용하세요!

② A와 B의 내용물을 각각 손으로 반죽합니다. 어느 정도 뭉치면 각각 포도씨유 5 g을 넣고 계속 반죽합니다. 더 이상 손에 묻어나지 않을 때까지 10분 정도 계속 반죽합니다. 끈적이지 않고 부드러우며 적당히 탄력적이면 반죽이 다 된 것입니다.

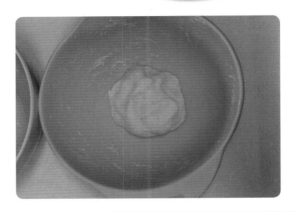

③ 실온에서 30분간 발효합니다.

탐구 결과

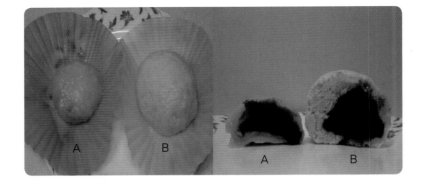

1. 빵이 부풀었나요?

⇨ 효모를 넣지 않은 빵(A 반죽, 주황색 종이 머핀컵)은 부풀지 않았고, 효모를 넣은 빵(B 반죽, 노란색 종이 머핀컵)은 부풀었습니다.

④ 팥앙금 200 g을 준비하고, 이것을 8~10개 정도로 나눠서 동그랗게 뭉칩니다.

⑤ A 반죽을 4~5개로 나누고, 팥앙금을 감싸서 찐빵 모양을 만들고 종이 머핀컵 위에 하나씩 올려놓습니다. 오른쪽 사진에서는 주황색 종이 머핀 컵 위에 A 반죽을 올렸습니다. B 반죽도 같은 방식으로 찐빵을 만들고 다른 종이 머핀컵 위에 하나씩 올려놓습니다. 오른쪽 사진에서는 노란색 종이 머핀컵 위에 B 반죽을 올렸습니다.

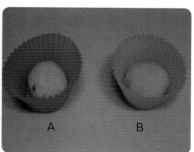

⑥ 찜솥에서 15분간 쪄 줍니다.

⑦ 꺼내서 5분간 식힌 후 A 반죽을 사용한 찐빵과 B 반죽을 사용한 찐빵을 비교하여 봅시다.

2. A 빵과 B 빵의 맛은 어떻게 다른가요?

⇨ A 빵은 질기고 딱딱한데, B 빵은 부드럽고 촉촉합니다.

3. 효모는 설탕을 양분으로 삼아 활동하면서 이산화 탄소를 내놓습니다. 이러한 효모의 활동과 빵이 부드러워지는 것은 어떤 연관이 있는지 생각하여 봅시다.

⇨ 효모가 활동하여 이산화 탄소를 내놓으면, 그것이 빵 반죽에 가득 차면서 부풀게 됩니다. 그렇게 빵 반죽이 늘어나면서 빵이 부드러워집니다.

알게 된 점

• 빵이 부푸려면 '효모'라는 작은 생물이 필요합니다. 효모는 생명이 없는 가루처럼 보이지만, 적절한 환경이 주어지면 바로 활동하는 미생물의 일종입니다. 이런 효모의 활동을 이용하여 빵을 만들 수 있습니다.
• 효모는 설탕을 양분으로 삼아 활발하게 움직이면서 이산화 탄소를 내놓고, 알코올을 만듭니다.

14 먹이그물

❖ **탐구 목표** 해양에 사는 생물들을 조사하고 이들의 먹이관계를 알아보자.

❖ **준 비 물** 복사기, 가위, 백과사전, 동물도감, 인터넷 자료

탐구 과정

　생태계의 종류에 따라 환경이 다르고, 거기서 사는 생물종들이 다르며 서로 간에 주고받는 영향도 다양합니다. 특히 생물이 서로 먹고 먹히는 관계는 마치 그물처럼 엮여 있기 때문에, 이를 먹이그물이라 합니다. 다음은 바다에서 나타날 수 있는 먹이그물에 관한 그림퍼즐입니다. 이 페이지를 복사한 다음, 그대로 잘라서 퍼즐을 맞추어 봅시다.

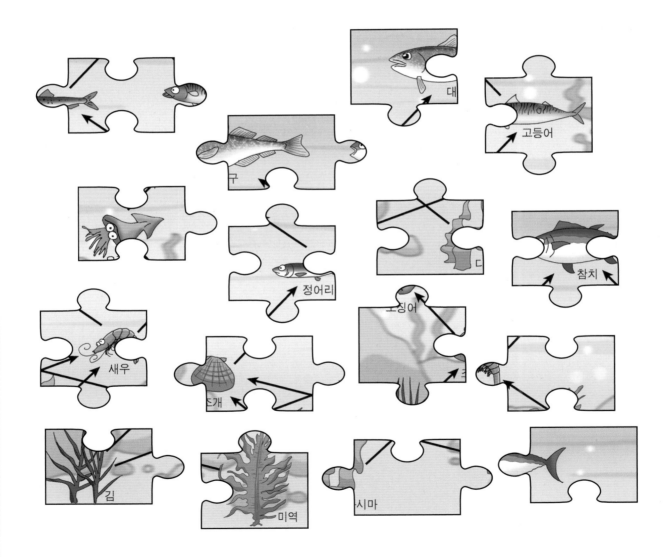

탐구 결과

1. 퍼즐을 맞추어 보면, 다음과 같은 모양이 됩니다. 제대로 맞추어 졌는지 확인하여 봅시다. 이 그림을 보면 어떤 관계를 알 수 있나요?

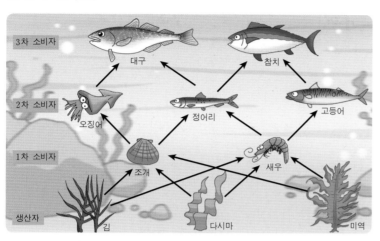

⇨ 완성된 먹이그물을 보면, 각 생물이 서로 연관되어 있음을 알 수 있습니다.

2. 생산자란 태양을 통해 광합성을 하면서 에너지를 얻는 생물을 말합니다. 위 그림에서 생산자는 무엇인가요?

⇨ 김, 다시마, 미역이 생산자입니다.

3. 1차 소비자란 생산자를 먹어서 에너지를 얻는 생물을 말합니다. 위 그림에서 1차 소비자는 무엇인가요?

⇨ 조개, 새우가 1차 소비자입니다.

4. 2차 소비자란 1차 소비자를 먹어서 에너지를 얻는 생물을 말합니다. 위 그림에서 2차 소비자는 무엇인가요?

⇨ 오징어, 정어리, 고등어가 2차 소비자입니다.

5. 3차 소비자란 2차 소비자를 먹어서 에너지를 얻는 생물을 말합니다. 위 그림에서 3차 소비자는 무엇인가요?

⇨ 대구, 참치가 3차 소비자입니다. 대구나 참치를 먹는 더 상위 단계의 소비자가 있는지 생각하여 봅시다.

알게 된 점

• 생태계의 구성 요소는 서로 연관되어 있습니다.
• 생태계에서 태양→생산자→1차 소비자→2차 소비자→3차 소비자 순으로 에너지를 전달합니다.

🌏 과학의 창 새우와 참치 중에서 어느 것이 더 중금속이 많을까요?

메틸 수은의 생물 농축 과정
단위: ppm

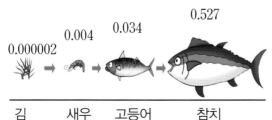

| 김 | 새우 | 고등어 | 참치 |
| 0.000002 | 0.004 | 0.034 | 0.527 |

해양오염이 심해지면서, 바닷물 속에는 중금속이 많이 녹아 있습니다. 중금속은 한 번 생물의 몸속에 들어오면 분해되지 않고, 몸 밖으로 다시 나가지도 않습니다. 생산자의 몸속에 중금속이 쌓이고, 많은 수의 생산자를 1차 소비자가 먹습니다. 1차 소비자가 생산자를 먹은 만큼 중금속이 쌓입니다. 그렇게 1차 소비자에게 쌓인 중금속을 2차 소비자가 먹으면서 2차 소비자의 중금속 수치가 더 높아집니다. 이렇게 먹이 연쇄를 따라 중금속이 축적되는 현상을 '생물 농축'이라고 부릅니다.

생명

산성비가 식물에 미치는 영향

관찰

❖ 탐구 목표 산성비가 식물에 미치는 영향을 알 수 있다.
❖ 준 비 물 시금치 잎, 메탄올, 아세톤, 묽은 황산 용액, pH 시험지, 스포이트, 비커, 시험관, 막자사발, 깔때기, 여과지

탐구 과정

메탄올과 아세톤을 넣으면 시금
치 잎 안의 녹색 색소(엽록소)가
잘 녹아나옵니다.

① 시금치 잎을 막자사발에 넣고 메탄올과 아세톤 혼합액
(메탄올:아세톤 = 3:1) 50 mL를 조금씩 섞으면서 갈아
서 으깹니다.

② 깔때기와 여과지를 이용하여 추출액을 비커에 거릅니다.

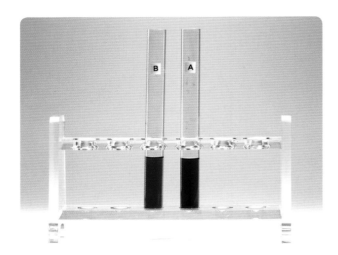

③ 시금치 색소 추출액을 2개의 시험관 A, B에 각각 3 mL
씩 넣습니다.

묽은 황산은 강산이므로 조심해
서 다뤄야 하며, 꼭 선생님의 도
움을 받도록 합니다.

④ 시험관 B에 묽은 황산 용액을 2방울 정도 떨어뜨린 후,
시험관의 색 변화를 관찰합니다.

1. 시험관 A, B에서 나타난 색깔 변화를 관찰하고 기록한 것을 아래 예시와 비교하여 봅시다.

시험관	반응 전의 색깔	반응 후의 색깔(묽은 황산 용액 첨가 후)
A	진한 청록색	진한 청록색
B	진한 청록색	연둣빛에 가까운 밝은 녹색

2. 이와 같은 결과가 나타난 이유를 생각하여 봅시다.

⇨ 시험관 B에 묽은 황산 용액을 넣어 산성 조건을 만들었습니다. 그리고 산성 조건(시험관 B)에서 색소 추출액의 색깔이 진한 청록색에서 연둣빛에 가까운 밝은 녹색으로 변하는 것을 관찰할 수 있습니다. 따라서 산성 조건에서 식물의 녹색 색소가 많이 파괴되었음을 알 수 있습니다.

3. 식물의 녹색 색소는 빛을 흡수하는 역할을 합니다. 그렇다면 산성 조건에 식물이 있으면 어떤 영향을 받을까요?

⇨ 녹색 색소가 파괴되기 때문에 식물이 제대로 자라지 못하게 됩니다.

알게 된 점

• 산성비가 식물에게 좋지 않은 영향을 미침을 알 수 있습니다.

🌏 과학의 창 | 산성비

대기 오염 물질에는 질소 산화물과 황 산화물이 있습니다. 비가 내릴 때 이러한 기체가 물에 녹게 되어, 비는 약한 산성을 띠게 됩니다. 요즘에는 자동차의 매연 등에서 나오는 오염 물질 때문에 대기에 질소 산화물과 황 산화물이 더 많아졌습니다. 결국 강한 산성을 띠는 물질이 빗물에 녹아 나오게 되었습니다. 이렇게 보통보다 더 강한 산성을 띠는 비를 산성비라고 합니다. 산성비로 인해 세계 곳곳의 산과 나무가 황폐해지고 있으며 물고기가 떼죽음을 당하는 모습을 볼 수 있습니다. 또한 산성비는 건축물이나 유적지를 부식시킬 만큼 강력합니다.

◀ 산성비에 의해 피해를 입은 물고기

산성비에 의해 피해를 입은 식물 ▶

생명

관찰

용어정리

세포란? 아주 작은 개미도, 커다란 코끼리도, 맛있는 과일도 지구에 존재하는 모든 생물은 '세포'라는 기본 단위로 구성되어 있습니다. 하지만 생물의 종류와 기능에 따라 세포는 다양한 크기와 형태를 가지고 있습니다.

❖ **탐구 목표** 현미경을 이용하여 다양한 세포를 관찰할 수 있다.

❖ **준 비 물** 현미경, 플라스틱 컵, 1회용 스포이트, 받침 유리, 덮개 유리, 양파, 면봉, 아세트산카민 용액, 메틸렌 블루 용액

탐구 과정

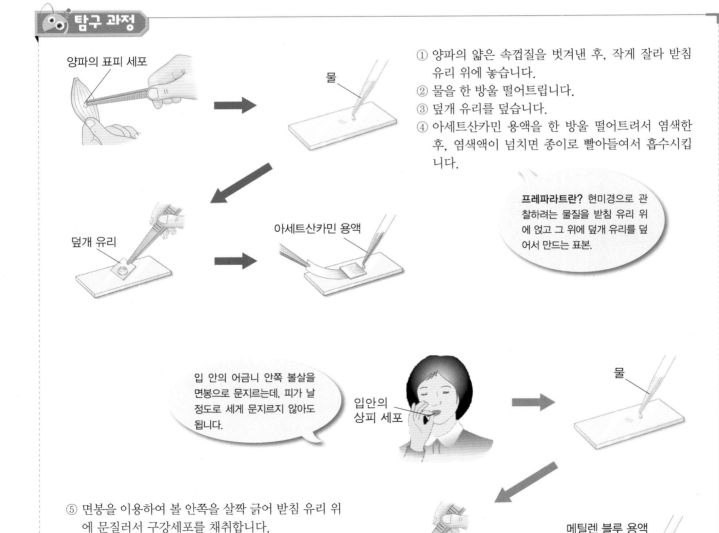

양파의 표피 세포
물

① 양파의 얇은 속껍질을 벗겨낸 후, 작게 잘라 받침 유리 위에 놓습니다.
② 물을 한 방울 떨어트립니다.
③ 덮개 유리를 덮습니다.
④ 아세트산카민 용액을 한 방울 떨어트려서 염색한 후, 염색액이 넘치면 종이로 빨아들여서 흡수시킵니다.

프레파라트란? 현미경으로 관찰하려는 물질을 받침 유리 위에 얹고 그 위에 덮개 유리를 덮어서 만드는 표본.

덮개 유리
아세트산카민 용액

입 안의 어금니 안쪽 볼살을 면봉으로 문지르는데, 피가 날 정도로 세게 문지르지 않아도 됩니다.

입안의 상피 세포
물

⑤ 면봉을 이용하여 볼 안쪽을 살짝 긁어 받침 유리 위에 문질러서 구강세포를 채취합니다.
⑥ 물을 한 방울 떨어트립니다.
⑦ 덮개 유리를 덮습니다.
⑧ 메틸렌 블루 용액을 한 방울 떨어트려서 염색한 후, 염색액이 넘치면 종이로 빨아들여서 흡수시킵니다.

덮개 유리
메틸렌 블루 용액

1. 양파세포 프레파라트를 현미경으로 관찰하여 봅시다.

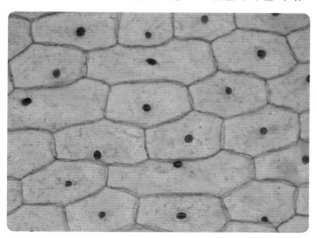

- 같은 배율에서 보았을 때 구강세포보다 크기가 더 크고 모양이 일정합니다.
- 세포 하나마다 핵이 하나씩 있습니다.

2. 구강세포 프레파라트를 현미경으로 관찰하여 봅시다.

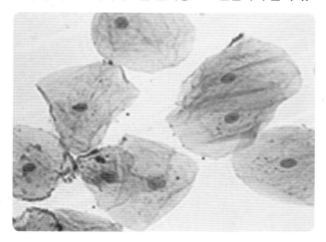

- 불규칙한 모양입니다.
- 세포 하나마다 핵이 하나씩 있습니다.

3. 양파세포와 구강세포의 공통점은 무엇인가요?

⇨ 각 세포마다 핵 하나가 뚜렷하게 관찰됩니다.

4. 양파세포와 구강세포의 차이점은 무엇인가요?

⇨ 양파세포의 모양이 구강세포보다 일정합니다. 이것은 양파세포는 식물세포이고, 구강세포는 동물세포이기 때문입니다. 식물세포는 동물세포와 달리 세포벽이라는 구조물을 가집니다. 세포벽은 환경의 변화에 영향을 덜 받게 하고, 좀 더 크게 자랄 수 있게 만듭니다.

알게 된 점

- 현미경으로 생물의 가장 작은 단위인 세포를 관찰할 수 있습니다.
- 각 세포에는 핵이 하나씩 있습니다.
- 식물세포에는 동물세포에는 없는 세포벽이 있습니다.

생명

❖ **탐구 목표** 물관의 구조와 기능을 알 수 있다.

❖ **준 비 물** 유리컵 2개, 흰색 백합 1송이(줄기가 긴 것), 식용색소(붉은색과 초록색), 칼

> 흰색 백합 대신 흰색 카네이션이나 흰색 장미를 이용하여 실험하여도 됩니다.

탐구 과정

용어정리

물관과 체관이란? 식물의 내부에서 물질을 운반하는 조직은 물관과 체관으로 구성되어 있습니다. 물관은 물의 이동통로이며, 길게 뚫린 긴 관 모양으로 생겼습니다. 체관은 잎에서 만들어진 양분이 이동하는 통로이며 물관과는 다른 모양입니다.

① 백합의 줄기를 세로 방향으로 아래에서 위로 절반가량 자릅니다.

> 백합의 길이가 너무 길면 쓰러지기 쉬우니 적당한 길이로 자르는 것이 좋습니다.

② 2개의 유리컵에 각각 물을 반 정도씩 붓습니다.

③ 물이 든 컵에 식용색소를 충분히 넣어 하나는 붉은색, 다른 하나는 초록색으로 만듭니다.

> 물감은 입자가 커서 식물의 물관을 통과하기 어렵습니다. 식용색소의 입자가 작아서 물관을 통과하기 쉬우니 꼭 물감 말고 식용색소를 사용하세요!

④ 자른 줄기의 한쪽 끝은 붉은색 컵에, 다른 한쪽 끝은 초록색 컵의 물속에 잠기게 합니다.

⑤ 24시간 동안 그대로 보관합니다.

탐구 결과

1. 백합의 색이 어떻게 변했나요?

⇨ 흰색이었던 백합이 반은 붉은색으로 변하고, 다른 쪽 반은 초록색으로 변했습니다.

2. 왜 이렇게 색이 변했는지 생각하여 봅시다.

⇨ 식물의 물관을 통해 물이 운반됩니다. 이 실험에서 색소가 있는 물이 물관을 통해 꽃잎으로 올라갔고, 꽃잎 세포 전체에 색소가 퍼져서 꽃의 색깔이 변하게 되었습니다.

알게 된 점

• 식물에는 물관이라고 하는 가는 관들이 뿌리에서 꽃잎까지 뻗어 있습니다.

• 물관을 통해 식물 전체에 물이 전달됩니다.

❖ **준 비 물** 페트병, 거즈, 물, 콩나물 콩, 검은 천, 냄비, 물, 소금, 가스레인지, 파, 마늘, 참기름, 볼

① 물이 잘 빠지는 용기에 불려놓은 콩을 넣습니다. 하나는 뚜껑을 덮거나 검은 천을 덮어서 어둡게 하고, 다른 하나는 햇빛을 보게 합니다. 수시로(하루에 세 번 이상) 물을 듬뿍 주면서 5일간 키우고 어떻게 자랐는지 관찰하여 봅시다.

⇩

〈결과〉
어두운 곳에서 자란 콩나물은 우리가 흔히 알고 있는 노란색 콩 머리와 흰색 줄기를 가지고 있습니다. 햇빛을 보고 자란 콩나물은 진한 초록색 콩 머리와 초록색 줄기를 가지고 있습니다.

② 냄비 2개에 물과 소금을 넣고 초록색 콩나물과 일반 콩나물을 각각 5분씩 삶습니다. 삶은 콩나물의 물기를 빼고, 파, 마늘, 참기름을 넣고 무쳐서 먹어봅니다. 두 콩나물 무침의 맛이 어떻게 다른지 비교하여 봅시다.

⇩

〈결과〉
일반 콩나물 무침은 연하고, 초록색 콩나물 무침은 질깁니다. 일반 콩나물은 물관 수가 적고 느슨하게 배열되어 있지만, 초록색 콩나물은 물관이 좀 더 많고 빽빽하게 배열되어 있기 때문에 질긴 것입니다.

알게 된 점

• 빛을 보고 자란 콩나물은 엽록체의 작용으로 콩 머리와 줄기가 초록색을 띱니다.
• 빛을 보고 키운 콩나물은 어두운 곳에서 키운 콩나물보다 물관이 빽빽하게 많아서 질깁니다.

관찰

❖ 탐구 목표 광합성을 통해 얻을 수 있는 산물을 확인할 수 있다.

❖ 준 비 물 식물의 잎, 페트리 접시, 알루미늄 포일, 에탄올, 비커, 알코올램프, 삼발이, 아이오딘-아이오딘화 칼륨 용액

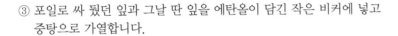
탐구 과정

① 실험을 하기 2일 전에, 식물의 잎을 3~4장 따서 알루미늄 포일로 꼼꼼하게 싸 둡니다.

② 실험을 하기 하루 전에, 포일에 싼 채로 냉장고에 넣어 24시간 둡니다.

클립
알루미늄 포일
나뭇잎

③ 포일로 싸 뒀던 잎과 그날 딴 잎을 에탄올이 담긴 작은 비커에 넣고 중탕으로 가열합니다.

> 잎을 알코올에 중탕하는 것은 잎의 색소를 제거하는 것입니다. 색이 남아 있으면 염색 용액과의 반응 시 색깔 변화를 제대로 볼 수 없기 때문입니다.

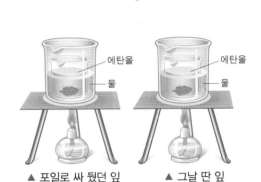
에탄올
물
에탄올
물
▲ 포일로 싸 뒀던 잎   ▲ 그날 딴 잎

④ 중탕한 잎을 꺼내 물로 씻습니다. 씻은 후에 잎을 각각 페트리 접시에 놓습니다.

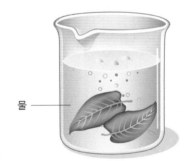
물

⑤ 페트리 접시에 아이오딘-아이오딘화 칼륨 용액을 떨어뜨린 후 색깔의 변화를 관찰합니다.

> 황갈색의 아이오딘-아이오딘화 칼륨 용액은 녹말과 만나면 진한 보라색을 띱니다. 연한 회색에서 녹말의 농도가 증가할수록 색이 더 진해집니다.

아이오딘-
아이오딘화
칼륨 용액
페트리 접시

1. 두 잎에 아이오딘-아이오딘화 칼륨 용액을 떨어뜨렸을 때의 색깔 변화는 어떤가요?

실험군	포일에 싸 뒀던 잎	그날 딴 잎
색깔 변화	황갈색→연한 갈색	황갈색→진한 보라색이 나타남

2. 왜 이러한 변화가 생겼는지 생각하여 봅시다.

⇨ 포일에 싸 뒀던 잎에서는 색깔 변화가 거의 나타나지 않았습니다. 하지만 빛을 받아 광합성을 수행한 잎은 진한 보라색으로 변했습니다. 이것으로 보아, 식물 잎은 광합성을 통해 녹말을 합성한다는 것을 알 수 있습니다.

알게 된 점

• 식물이 빛을 받아야 광합성을 하고, 녹말(양분)을 생산할 수 있습니다.

🌏 과학의 창   모든 식물들이 광합성을 할 수 있을까?

대부분의 식물은 엽록체를 가지고 있으며, 공기와 토양 속의 물질을 이용하여 스스로 양분을 만들어 살아갈 수 있습니다. 그래서 식물은 지구 생태계의 생산자이며, 생명의 시작이라고 말할 수 있습니다. 하지만 모든 식물이 광합성을 할 수 있는 것은 아닙니다. 또한 광합성을 하더라도 다른 방식의 영양섭취가 더 필요할 수도 있습니다. 그런 식물에 대하여 알아봅시다.

대부분의 식충식물이 살고 있는 토양에는 식물의 생명현상에 반드시 필요한 물질이 부족합니다. 따라서 이들은 광합성만으로는 충분히 자랄 수 없어서 곤충 등을 섭취하여 부족한 영양을 얻습니다. 이것은 우리들이 뼈와 근육을 키워 잘 성장하기 위해 다양한 음식물(특히 고기)을 먹는 것과 다르지 않습니다. 식물이 사람과 같은 소화관을 가진 것은 아니지만, 곤충을 잡는 수단과 필요한 물질을 얻기 위해 분해하고 흡수하는 수단을 가지고 있습니다. 옆의 사진에 나와 있는 파리지옥은 잎의 표면에 여러 개의 털이 나 있습니다. 파리가 잎에 앉아서 털을 건드리면 재빨리 잎을 오므려서 파리를 잡아 먹습니다.

그렇다면 광합성을 하지 않는데도 식물이라고 부르는 이유는 무엇일까요? 기본적으로는 식충식물도 모두 꽃을 피워서 생식하고 몇몇 예외를 제외하고 대부분은 엽록체를 가지고 광합성을 합니다. 꼭 필요한 양분을 보충하기 위해서만 식충을 하기 때문에 모두 식물이라 부르고 있습니다.

호흡 운동의 원리

❖ **탐구 목표** 호흡 운동 모형을 직접 만들어보면서 사람의 호흡 운동 원리를 알 수 있다.

❖ **준 비 물** 하드보드지, 똑딱단추, 고무줄, 가위나 칼

용어정리

호흡이란? 기체 교환을 통해 내 몸에 필요한 산소를 받아들이고 이산화 탄소를 배출하는 과정입니다.

탐구 과정

① 하드보드지를 아래 그림처럼 긴 막대 1개, 중간 막대 3개, 짧은 막대 1개로 자릅니다. 긴 막대 1개는 A가 되고, 중간 막대 3개는 B가 되고, 짧은 막대 1개는 C가 됩니다.

A
B
B
B
C

② 아래 그림에서 빨간색으로 표시된 부분에 똑딱단추를 달고 B 막대를 A, C 막대에 고정합니다. 또한 고무줄을 그림과 같이 대각선 모양으로 묶어서 호흡 운동 모형을 만듭니다.

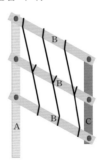

③ B를 잡고 위로 당겨 보고, 다시 원래대로 돌려놓으면서 모양이 어떻게 변하는지를 관찰합니다.

과학의 창

호흡의 원리

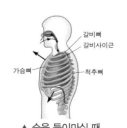
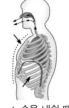

▲ 숨을 들이마실 때   ▲ 숨을 내쉴 때

숨쉬기도 운동이라고 합니다. 이 운동은 어떻게 하는 걸까요? 호흡에서 가장 중요한 기관은 폐입니다. 그런데 우리의 폐는 근육이 없어서 스스로 운동할 수 없습니다. 그러면 숨쉬기 운동은 어떻게 일어날까요? 폐는 갈비뼈로 둘러싸인 가슴통에 들어 있습니다. 뒤쪽의 척추뼈, 앞쪽의 가슴뼈, 그리고 갈비뼈로 둘러싸인 공간을 가슴통이라고 합니다. 갈비뼈는 각각 갈비사이근이라는 근육으로 연결되어 움직입니다. 숨을 들이마시면 가슴뼈가 들어 올려지고, 붙어 있던 갈비사이근이 딸려 올라가면서 공간이 커집니다. 숨을 내쉬면 가슴뼈가 원래 위치로 돌아오면서 공간이 작아집니다.

1. B 막대를 위로 당기면, 어떤 일이 일어나나요?

⇨ B 막대가 위로 들어 올려지고, C 막대가 앞으로 이동하게 됩니다.

2. B 막대를 원래대로 놓으면, 어떤 일이 일어나나요?

⇨ B 막대가 원래대로 내려오고, C 막대가 원래대로 뒤로 돌아옵니다.

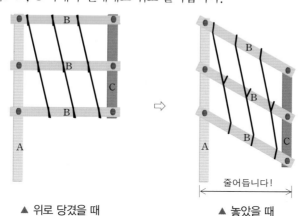

▲ 위로 당겼을 때   ▲ 놓았을 때

3. 앞 페이지의 '과학의 창'을 보고 A 막대, B 막대, C 막대, 고무줄이 각각 어떤 부위를 뜻하는 것인지 생각하여 봅시다.

호흡 운동 모형	A 막대	B 막대	C 막대	고무줄
인체 부위	척추뼈	갈비뼈	가슴뼈	갈비사이근

알게 된 점

• 여러 뼈대와 근육이 운동하여, 가슴통의 부피가 늘어나게 됩니다. 이로써 폐의 기압이 외부보다 낮아져 공기가 콧구멍과 입을 통해 호흡관을 타고 폐포까지 이동하여 들어올 수 있습니다. 이것을 들숨이라고 합니다.

• 여러 뼈대와 근육이 운동하여, 가슴통이 원래 상태로 내려오게 되면서 부피가 줄어듭니다. 그러면서 몸 안의 공기가 밖으로 빠져나가게 됩니다. 이것을 날숨이라고 합니다.

과학의 창   수영을 잘하려면 어떻게 해야 할까?

수영을 잘하려면 물에 뜨는 힘이 좋아야 합니다. 몸이 아무리 가벼운 사람도 물위에 그냥 뜰 수는 없지만 몸속에 공기가 많으면 많을수록 물에 뜨는 힘이 커집니다. 당연히 물에 잘 뜰수록 쉽고 빠르게 수영할 수 있을 것입니다.

우리의 몸에서 공기를 채워두는 곳은 폐입니다. 그리고 폐활량은 최대한 공기를 들이마시고 내쉴 수 있는 양을 말합니다. 일반적으로 우리는 평균 약 3,000∼4,000 cc 정도의 폐활량을 가집니다. 큰 페트병 1개 반∼2개 정도에 공기를 채운다고 생각하면 됩니다. 그런데 수영선수 박태환의 폐활량은 무려 7,200 cc로, 큰 페트병 3개 반이 넘는 양입니다. 이것은 공기가 채워진 페트병을 우리보다 몇 개 더 가지고 물에 들어간 것과 같습니다. 따라서 물에 뜨는 힘이 훨씬 좋다고 볼 수 있습니다.

좋은 폐활량을 가지고 꾸준히 운동한다면 좋은 운동선수가 될 수도 있습니다. 하지만 건강하게 자라고 싶다면 폐활량을 늘리는 것보다 폐에 있는 산소를 잘 활용하기 위해 매일 꾸준히 운동하는 것이 좋습니다. 조금만 걸어도 숨차고 걷기 싫다면 지금부터 매일 조금씩 운동을 해 보는 것이 어떨까요?

측정

❖ **탐구 목표** 운동이 호흡과 맥박에 미치는 영향을 알 수 있다.

❖ **준 비 물** 친구, 초시계

유의점

실험을 시작하기 30분 전부터 실험이 끝날 때까지는 되도록 가만히 있어야 합니다. 만약 뛰거나 운동을 했다면 충분히 휴식을 취한 후에 실험을 시작하도록 합시다.

탐구 과정

① 오른쪽 그림처럼 손목을 잡고 30초간 스스로 맥박수를 측정하고 기록합니다.

호흡수나 맥박을 측정할 때에는 말하거나 움직이지 않아야 합니다.

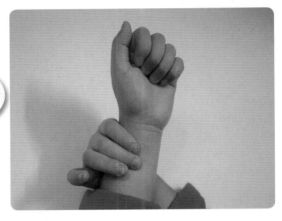

② 맥박수를 측정하는 나의 가슴 움직임을 관찰하여 호흡수를 세 달라고 친구에게 부탁합니다. 가슴이 한 번 올라오고 내려가는 것을 호흡 1회라고 셉니다. 30초 동안의 호흡수를 세어 1분간 맥박수와 호흡수를 계산하고 기록합니다.

③ 100 m 달리기를 한 직후에 다시 1분간의 호흡수와 맥박수를 측정합니다. 그리고 5분, 10분, 15분, 20분, 30분이 지난 후에 호흡수와 맥박수를 측정합니다.

친구와 함께 하는 실험이지만 실험이 끝날 때까지는 같이 뛰어놀지 말아야 합니다. 앉아서 서로 조용히 대화만 나누도록 합시다.

1. 운동을 하기 전, 운동을 한 직후, 5, 10, 15, 20, 30분 후의 호흡수와 맥박수를 적은 것을 아래의 예시와 비교하여 봅시다.

측정시기	운동 전	운동 직후	5분 후	10분 후	15분 후	20분 후	30분 후
호흡수	20	35	25	23	21	19	20
맥박수	72	124	92	83	74	72	72

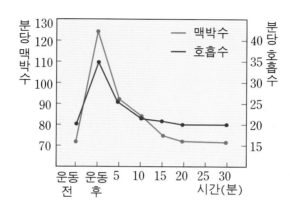

2. 운동을 하면 호흡수와 맥박수가 어떻게 변하는지 생각하여 봅시다.

　　⇨ 운동을 하면 호흡수와 맥박수가 증가하는 것을 관찰할 수 있습니다. 시간이 어느 정도 지나면 호흡수와 맥박수는 다시 원래 상태로 돌아옵니다.

3. 왜 호흡수가 증가하는지 생각하여 봅시다.

　　⇨ 운동을 하면 에너지를 많이 사용합니다. 에너지를 보충하려면 산소가 많이 필요하고 이산화 탄소를 많이 내보내야 합니다. 그래서 호흡수가 증가합니다.

4. 왜 맥박수가 증가하는지 생각하여 봅시다.

　　⇨ 온몸에 혈액을 공급하기 위해 심장이 더 많은 일을 하기 때문에 맥박수가 증가하는 것입니다.

알게 된 점

• 운동을 하면 호흡수와 맥박수가 함께 늘어나고, 시간이 어느 정도 지나면 다시 원래대로 돌아옵니다.
• 운동을 하면 몸에 산소가 필요하고 이산화 탄소를 내보내야 하기 때문에 호흡수가 증가합니다.
• 온몸에 혈액을 공급하기 위해 맥박수가 증가합니다.

🌏 과학의 창　　정상적인 맥박수

　　성인의 경우 안정적인 상태에서 맥박수는 분당 70~80회, 호흡수는 분당 15~20회 정도입니다. 신생아의 경우에는 맥박수는 120~140회, 호흡수는 약 40회 정도입니다. 나이가 어릴수록 심장이 빠르게 뛰고, 호흡도 많이 합니다. 하지만 간혹 정상적인 맥박수, 호흡수를 벗어나는데도 건강한 사람이 있습니다. 규칙적인 운동을 꾸준히 하면 심장이 튼튼해져서, 심장이 한 번 뛸 때 뿜어내는 혈액의 양이 증가합니다. 따라서 적은 맥박수로도 몸에서 요구하는 산소와 영양분을 충분히 공급할 수 있어서, 맥박수가 오히려 감소합니다. 하지만 맥박수나 호흡수가 너무 낮으면 질병일 수도 있으니, 자신의 맥박수와 호흡수에 귀를 기울여 봅시다.

도시를 살리는 텃밭

도시농업이라는 말을 들어본 적이 있나요? '도시'와 '농업'은 서로 너무 다른 것처럼 느껴집니다. 하지만 최근에는 농업이 도시를 만나는 사례가 자주 나타나고 있습니다. 도시에서 살면 시설을 이용하기에 편리하고 여러 혜택이 있습니다. 그러나 급격한 도시화는 생활환경을 나쁘게 만들었고 사람들의 여유마저 빼앗아 갔습니다. 갈수록 치열해지는 경쟁과 빠른 변화에 지친 도시인들은 건강과 여유를 추구하게 되었으며, 안전한 농산물을 먹고 싶은 욕구도 높아졌습니다. 그러면서 우리가 사는 생활 공간을 쾌적하게 만들기 위해 집 주변의 작은 공간, 공공시설, 아파트 옥상 등을 활용하여 농사를 짓는 사람들이 늘고 있습니다.

도시농업은 거창한 것이 아닙니다. 그저 내가 사는 곳 주변의 작은 공간에 나와 내 가족이 먹을 채소, 과일을 심고 기르는 것입니다. 또한 마음이 맞는 이웃과 함께 채소와 과일을 가꾸고 나누어 먹는 것입니다. 도시농업을 즐기는 사람들끼리 활발하게 블로그 활동을 하거나 인터넷 카페를 만들어서 커뮤니티를 형성하고 있습니다. 이런 사람들을 지원하고 도와주기 위한 '도시농업 온라인 통합 정보 시스템'도 구축될 예정입니다.

몸과 마음의 건강과 먹는 즐거움까지 추구하는 도시농업은 이미 세계적으로 유행하고 있으며, 여러 가지 긍정적인 효과를 가집니다.

첫째, 도시에는 자동차가 많아서 매연이 많습니다. 도시농업을 도입하면서 계속해서 이산화 탄소를 먹고 산소를 내놓을 수 있는 식물들이 많아졌습니다. 따라서 대기오염을 개선할 수 있게 되었습니다. 또한 실내 정원이 있으면 생활 공간의 공기 청정기 역할도 해 줍니다.

둘째, 가정에서 나오는 음식물 쓰레기들을 퇴비로 활용하여 각종 환경 오염 물질을 줄일 수 있습니다.

셋째, 옥상에 텃밭이 있으면 흙이 산성비와 자외선에 의한 콘크리트의 손상을 막아줍니다. 또한 옥상에 바로 태양빛이 내려쬐서 생기는 열기를 줄여주기 때문에 여름에는 시원하고 겨울에는 따뜻한 건물이 됩니다.

넷째, 내가 키운 건강한 먹거리로 가족 모두의 건강을 챙길 수 있습니다. 평소에 채소를 잘 먹지 않더라도, 내가 직접 씨앗을 뿌리고 가꾸어 수확한 채소는 먹어보고 싶겠지요?

다섯째, 쾌적한 휴식 공간으로서 이웃과 가족이 즐겁게 대화를 나눌 수 있는 장소가 됩니다.

여섯째, 도시의 텃밭이나 건물 옥상의 농원, 자연학습장은 삭막한 도시 속에서 푸른 식물이 많이 있는 구역입니다. 식물이 많으면, 나비들이 날아오고 씨앗들이 퍼지면서 도시의 녹색 생태계를 건강하게 연결하는 역할을 해 줍니다. 또한 아름답기 때문에 도시의 가치를 향상시킵니다.

사람과 자연이 조화되며 공생할 수 있는 도시를 만드는 데 도시농업이 큰 역할을 할 것으로 보입니다. 도시농업에 한 번 도전해 보고 싶지 않나요? 그럼 베란다에 작은 화분을 키우는 것으로 시작하는 건 어떨까요?

에너지

관찰

❖ **탐구 목표** 자석이 일정한 방향을 가리키는 성질이 있음을 관찰을 통하여 확인할 수 있다.

❖ **준 비 물** 막대자석 2개, 나침반 2개

유의점

나침반은 전선이나 다른 자석으로부터 멀리 떨어진 곳에 놓아두고 실험을 하도록 합니다.

탐구 과정

① 나침반을 편평한 책상 위에 놓아두고 나침반의 자침이 가리키는 방향을 관찰합니다.

② 나침반의 자침이 위를 향하도록 한 상태에서 막대자석의 N극을 나침반의 오른쪽에서 가까이 가져갈 때, 나침반의 자침이 가리키는 방향을 관찰합니다.

③ 막대자석의 S극을 나침반의 오른쪽에서 가까이 가져갈 때, 나침반의 자침이 가리키는 방향을 관찰합니다.

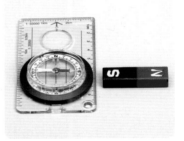

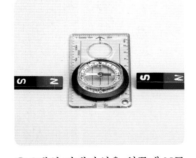

④ 2개의 막대자석을 왼쪽에 N극이, 오른쪽에 S극이 오도록 하여 각각 나침반의 양쪽에 일렬로 배열합니다. 두 막대자석 사이에 놓인 나침반의 자침이 가리키는 방향을 관찰합니다.

⑤ 막대자석의 N극을 나침반의 아래쪽에서 가까이 가져갈 때, 나침반의 자침이 가리키는 방향을 관찰합니다.

⑥ 막대자석을 나침반의 아래쪽에 나침반과 평행이 되도록 놓아두고 나침반의 자침이 가리키는 방향을 관찰합니다.

1. 책상 위에 놓인 나침반의 자침은 어느 방향을 가리킵니까?

   ⇨ 나침반의 자침은 북쪽을 가리킵니다.

2. 막대자석의 N극을 나침반의 오른쪽에서 가까이 가져가면 나침반의 자침은 어디를 가리킵니까?

   ⇨ 나침반의 자침은 N극과 반대쪽을 향하여 움직이고, 막대자석의 N극이 가리키는 방향과 일렬로 나란합니다.

3. 막대자석의 S극을 나침반의 오른쪽에서 가까이 가져가면 나침반의 자침은 어디를 가리킵니까?

   ⇨ 나침반의 자침은 S극을 향하여 움직이고, 막대자석의 N극이 가리키는 방향과 일렬로 나란합니다.

4. 과정 ④에서 두 막대자석 사이에 놓인 나침반의 자침은 어디를 가리킵니까?

   ⇨ 나침반의 자침은 S극을 향하여 움직이고, 막대자석의 N극이 가리키는 방향과 일렬로 나란합니다.

5. 막대자석의 N극을 나침반의 아래쪽에서 가까이 가져가면 나침반의 자침은 어디를 가리킵니까?

   ⇨ 나침반의 자침은 막대자석의 S극을 향하여 움직이고, 막대자석의 N극이 가리키는 방향과 일렬로 나란합니다.

6. 막대자석을 나침반의 아래쪽에 나침반과 평행이 되도록 놓아두면 나침반의 자침은 어디를 가리킵니까?

   ⇨ 나침반의 자침은 막대자석의 S극을 향하여 움직이고, 막대자석의 N극이 가리키는 방향과 일렬로 나란합니다.

7. 과정 ②～⑥에서 막대자석 주위에 놓인 나침반의 자침들은 어디를 가리킵니까?

   ⇨ 자석 주위에 놓인 나침반의 자침은 자석의 N극에서 나와 S극으로 들어가는 자기장의 방향을 가리킵니다.

8. 자석 주위의 나침반의 자침이 일정한 방향을 가리키는 이유를 생각해 봅시다.

   ⇨ 자석 주위의 나침반의 자침이 일정한 방향을 가리키는 것은 자석 주위에 나침반의 자침을 당기는 힘이 있기 때문입니다.

알게 된 점

• 자석으로부터 멀리 떨어져 있는 나침반의 자침은 일정한 방향(북쪽)을 가리킵니다.
• 자석 주위에는 나침반의 자침을 당기는 힘이 있습니다.
• 자석 주위에 놓여 있는 나침반의 자침은 자석의 N극에서 나와 S극으로 들어가는 자기장의 방향을 가리킵니다.

🌏 과학의 창   지구는 매우 커다란 자석입니다

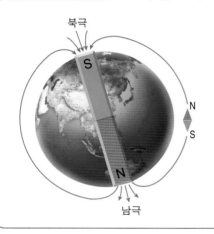

막대자석 주위의 나침반의 자침이 항상 일정한 방향을 가리키는 것과 마찬가지로 지구에 있는 나침반의 자침도 항상 일정한 방향을 가리킵니다. 이로부터 지구도 하나의 거대한 자석으로 볼 수 있습니다. 자성을 띤 나침반의 N극, 즉 나침반의 자침이 북쪽을 가리키는 것으로 보아 지구의 북극은 자석의 S극 역할을 하고 있다는 것을 알 수 있습니다. 다시 말해 지구 자기의 S극은 북극에 있고 N극은 남극에 있습니다. 철새들이 먼 길을 찾아갈 수 있는 것도 이러한 지구 자기장을 이용한 것이라고 합니다. 지구의 자기력이 영향을 미치는 공간을 지구 자기장이라고 하며, 지구 자기장에서 북쪽은 S극, 남쪽은 N극을 나타냅니다.

측정

❖ 탐구 목표 • 자석의 개수와 자기력의 세기의 관계를 설명할 수 있다.
          • 자석의 모양에 따른 자기력의 세기를 비교하여 설명할 수 있다.
❖ 준 비 물 크기가 다른 막대자석(큰 것 2개, 작은 것 1개), 클립(금속), 나무젓가락, 비커, 스포이트, 플라스틱 병뚜껑, 물, 색연필 또
          는 사인펜, 고무줄, 핀셋

탐구 과정

클립이 병뚜껑에 완전히 놓이지 않는 경우, 금속 핀을 대신 사용해도 됩니다.

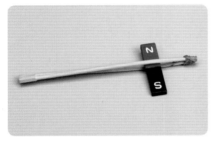

① 막대자석의 중심 부분을 나무젓가락 사이에 위치하게 한 후 젓가락의 양쪽을 고무줄로 묶어 막대자석을 고정시킵니다.

② 비커에 물을 $\frac{1}{3}$ 가량 채워 두고, 병뚜껑을 물에 띄웁니다. 그리고 금속 클립(또는 침핀)을 병뚜껑 위에 놓아둡니다.

③ 나무젓가락에 매달려 있는 막대자석의 한쪽 극이 비커 내부에 들어가도록 하여 비커 위에 놓아둡니다.

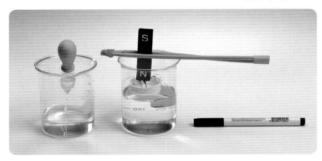

④ 스포이트를 이용하여 클립이 막대자석에 달라붙는 순간까지 병뚜껑에 물이 떨어지지 않도록 주의하여 물을 비커에 한 방울씩 떨어뜨립니다.

⑤ 클립이 막대자석에 달라붙는 순간의 물의 높이를 색연필을 이용하여 비커 외벽에 표시해 둡니다.

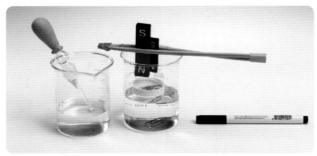

⑥ 과정 ①과 같이 막대자석 2개를 나무젓가락에 달아두고, 과정 ②에서 ⑤까지 반복합니다.

⑦ 과정 ①과 같이 크기가 작은 막대자석 1개를 나무젓가락에 달아 두고, 과정 ②에서 ⑤까지 반복합니다.

1. 병뚜껑 위에 막대자석 1개, 2개를 올려놓을 때, 또 크기가 작은 막대자석 1개를 올려놓을 때, 금속 클립이 달라붙는 비커 속 물의 높이를 비커의 바닥으로부터 측정하여 다음 표에 기록합니다.

	막대자석 1개	막대자석 2개	작은 막대자석
금속 클립이 달라붙는 비커 속 물의 높이(cm)	6.0	4.5	7.5
자석의 끝부분과 클립 사이의 거리(cm)	3.0	4.5	1.5

2. 막대자석을 1개 올려놓았을 때와 2개 올려놓았을 때 금속 클립이 달라붙은 순간에 막대자석과 클립 사이의 거리는 어느 쪽이 더 가까울까요?

⇨ 막대자석을 2개 올려놓았을 때보다 1개 올려놓았을 때 금속 클립이 달라붙는 순간에 막대자석과 클립 사이의 거리가 더 가깝습니다.

3. 크기가 큰 막대자석과 비교하여 크기가 작은 막대자석 1개를 올려놓았을 때, 금속 클립이 달라붙는 순간에 막대자석과 클립 사이의 거리는 어느 쪽이 더 가까울까요?

⇨ 상대적으로 크기가 큰 막대자석에 비해 크기가 작은 막대자석을 올려놓았을 때, 막대자석과 더 가까운 거리에서 금속 클립이 달라붙습니다.

4. 자기력의 세기를 증가시킬 수 있는 방법을 생각해 봅시다.

⇨ 자석을 여러 개 사용하거나 세기가 강한 자석을 사용합니다.

알게 된 점

• 자석의 개수가 많아질수록 자기력의 세기는 증가합니다.
• 자석의 세기가 셀수록 자석이나 금속에 작용하는 힘이 더 셉니다.

🌐 과학의 창　막대자석 주위의 자기장

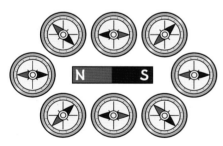

▲ 막대자석 주위의 나침반 지침

막대자석은 막대 모양의 길쭉한 자석을 말합니다. 막대자석 주위에 나침반을 놓으면 막대자석 주위의 자기장에 의해 나침반 바늘이 자석의 양극 주위에서는 자석을, 자석의 옆면 주위에서는 자석과 나란한 방향을 가리킵니다. 둥근 막대자석은 둥근 막대 모양의 길쭉한 자석을 말합니다. 둥근 막대자석 주위에 생기는 자기장은 막대자석과 비슷한 모양입니다.

원형 자석은 동그란 동전 모양의 자석을 말합니다. 냉장고 문에 원형 자석을 붙여 메모지를 고정하기도 하고, 병따개를 냉장고에 붙여 놓고 편리하게 사용합니다. 자석의 극으로 못의 끝부분을 여러 번 문지르면, 못이 자석과 같이 변해 못에 클립이 붙어요. 이와 같이 자석이 아닌 물질이 자석의 성질을 가지게 되는 것을 '자화'라고 한답니다.

▲ 둥근 막대자석

▲ 원형 자석

▲ 자화

❖ 탐구 목표 • 자석의 성질을 이용하여 놀이기구를 제작할 수 있다.

　　　　　• 자석에는 금속을 당기는 힘이 있다는 것을 알 수 있다.

　　　　　• 자석과 자석끼리 힘이 작용하는 것을 알 수 있다.

❖ 준 비 물 막대자석(여러 개), 가위, 셀로판테이프, 종이컵(4개), 풀, 빨대, 마분지, 이쑤시개, 금속 물체(클립 등)

탐구 과정

① 마분지로 직육면체를 만든 후 직육면체 내부에 막대자석을 넣어 둡니다.

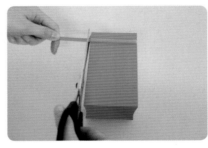

② 빨대를 직육면체의 밑면 중 짧은 변의 길이에 맞게 2개를 자릅니다.

③ 잘라둔 빨대 2개를 직육면체의 밑면의 끝부분에 여유를 두고 셀로판테이프로 붙입니다.

④ 종이컵의 바닥면 부분을 오려 내어 원형 바퀴를 4개 만들고, 이쑤시개를 바퀴의 중앙 부분에 끼웁니다. 그리고 빨대 안에 이쑤시개 부분을 집어넣어 4개의 바퀴를 완성시킵니다.

⑤ 자석이 놓여 있는 자동차의 한쪽 끝에 서로 다른 극의 막대자석을 가까이 가져가면서, 자동차에 나타나는 현상을 관찰해 봅시다.

⑥ 자동차에 자석의 개수를 2개, 3개씩 올려놓고 막대자석을 자동차에 가까이 가져가면서, 자동차에 나타나는 현상을 관찰해 봅시다.

⑦ 막대자석의 극을 바꾸어 놓은 상태에서 가까이 가져가면서, 자동차에 나타나는 현상을 관찰해 봅시다.

⑧ 자동차 위에 막대자석 대신에 금속 막대를 올려놓고, 과정 ⑤와 같이 반복해 봅시다.

1. 자석이 놓여 있는 자동차의 한쪽 끝에 서로 다른 극의 막대자석을 가까이 가져갔을 때 자동차에서는 어떠한 현상이 나타납니까?

⇨ 서로 다른 극의 막대자석을 자동차에 가져가면 자석이 놓여 있는 자동차는 막대자석 쪽으로 끌려옵니다.

2. 자동차에 자석의 개수를 2개, 3개씩 올려놓고 막대자석을 자동차에 가까이 가져갔을 때 어떠한 현상이 나타납니까?

⇨ 자동차에 올려놓은 자석의 수가 많을수록 자동차는 막대자석 쪽으로 더 빨리 끌려옵니다.

3. 막대자석의 극을 바꾸어 자석이 놓여 있는 자동차에 가까이 가져갔을 때 자동차에서는 어떠한 현상이 나타납니까?

⇨ 막대자석을 자동차에 가져가면 자석이 놓여 있는 자동차는 막대자석과 반대 방향으로 밀려납니다.

4. 자동차에 금속 막대를 올려놓고 막대자석을 자동차의 한쪽 끝에 가까이 가져갔을 때 자동차에서는 어떠한 현상이 나타납니까?

⇨ 금속을 올려놓은 자동차에 막대자석을 가까이 하면 자동차가 끌려옵니다.

5. 자석 자동차를 보다 빠르게 움직이게 할 수 있는 방법을 생각해 봅시다.

⇨ 자석을 여러 개 사용하거나 세기가 강한 자석을 사용합니다.

6. 자석과 자석 사이에 작용하는 힘에는 어떠한 종류가 있는지 생각해 봅시다.

⇨ 자석 사이에 작용하는 힘에는 당기는 힘과 밀어내는 힘의 두 종류가 있습니다.

알게 된 점

• 자석의 세기가 셀수록 자석이나 금속에 작용하는 힘이 더 셉니다.
• 자석끼리 작용하는 힘에는 당기는 힘과 밀어내는 힘의 두 종류가 있습니다.

과학의 창   전자석의 이용

일상 생활에서 전자석을 이용한 것은 어떤 것이 있나요? 철을 끌어당기는 성질을 이용한 것에는 기중기, 초인종 등이 있고, 밀거나 끌어당기는 성질을 이용한 것에는 자동문이 있습니다.

전자석 기중기는 전자석을 이용하여 무거운 철로 된 물건을 들어 올리는 기계를 말합니다. 자기 부상 열차는 자석끼리 밀어내는 힘을 이용하여 열차를 레일 위에 띄우고, 서로 밀고 당기는 힘을 이용하여 열차가 앞으로 나아가게 합니다.

전자석 기중기로 무거운 물체를 옮길 수 있어요.

▲ 전자석 기중기

자기 부상 열차가 미끄러지듯이 나아가요.

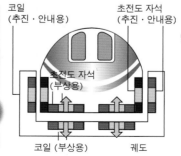

코일 (추진·안내용)
초전도 자석 (추진·안내용)
초전도 자석 (부상용)
코일 (부상용)
궤도

▲ 자기 부상 열차

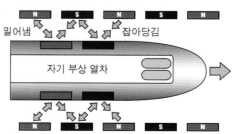

밀어냄   잡아당김
자기 부상 열차

❖ 탐구 목표 • 소리를 내는 물체의 떨림을 눈으로 관찰할 수 있다.
   • 다양한 소리의 특징을 비교하여 관찰할 수 있다.

❖ 준 비 물 스탠드 2개, 클램프 2개, 스피커, 녹음 장치 겸용 음원 장치, 종이컵, 풍선, 알루미늄 판, 마분지, 양면테이프, 레이저 포인터, 음원(스마트폰 또는 mp3 플레이어)

🐛 탐구 과정

① 풍선을 잘라 종이컵의 아랫면을 완전히 덮고, 알루미늄 판을 3cm×3cm로 잘라내고 풍선의 중앙 부분에 부착하고, 스피커를 준비합니다.

② 스피커에 음원(스마트폰 또는 mp3)을 연결하고, 스피커 위에 종이컵이 완전히 밀폐되도록 부착시킵니다.

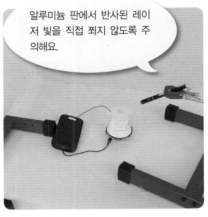

알루미늄 판에서 반사된 레이저 빛을 직접 쬐지 않도록 주의해요.

③ 스탠드에 레이저 포인터를 고정시키고, 레이저 포인터에서 나온 빛이 풍선 위의 알루미늄 판에 반사되어 반대편의 마분지에 도달할 수 있도록 합니다.

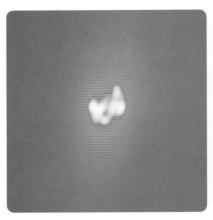

④ 음원에 음악 파일을 작동하고, 마분지에 반사된 빛의 모양을 관찰합니다.

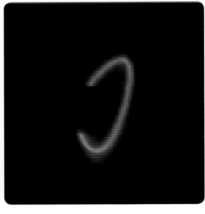

⑤ 음원 장치의 녹음 장치를 작동하여, "가", "나", "다", …, "하" 음을 발음하여 녹음한 후, 음원을 작동하여 마분지에 반사된 빛의 모양을 관찰합니다.

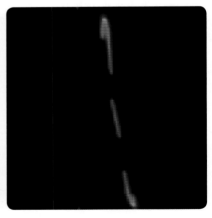

⑥ 이번에는 특정 음을 끊어서 3회 정도 발음하여 녹음한 다음, 나타난 빛의 모양을 관찰합니다.

탐구 결과

1. "가", "나", "다", …, "하" 음 중에서 3개의 음에 의해 마분지에 반사된 빛의 모양을 그려 봅시다.

다음은 특정인이 '마', '하', '차' 음을 발음하여 녹음하였을때 마분지에 반사된 빛의 모양입니다.

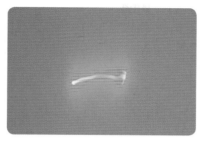

2. 특정 음을 소리를 2초 정도 계속해서 낼 때와 끊어서 낼 때의 차이점을 비교하여 그려 봅시다.

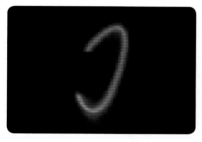
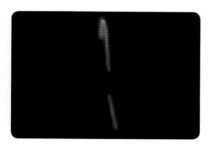

3. 스피커에서 나온 소리가 같은 경우와 다른 경우에 마분지에 나타난 모양은 어떻게 다른가요?

   ⇨ 소리가 같은 경우에는 같은 모양이 나타나고, 소리가 서로 다른 경우에는 다른 모양이 나타납니다.

4. 스피커에서 나온 소리가 마분지에 어떻게 전달되었는지 생각해 봅시다.

   ⇨ 스피커의 떨림이 공기를 통해 전달되어 풍선 위의 알루미늄 판 진동에 의한 빛의 떨림이 마분지까지 전달됩니다.

5. 스피커에서 나온 특정 음의 소리를 2초 정도 연결해서 낼 때와 끊어서 낼 때에 어떻게 다른가요?

   ⇨ 스피커에서 특정 음의 소리를 끊어서 낼 때에는 특정음을 낼 때 나타나는 모양이 여러 번 끊어져서 나타납니다.

알게 된 점

• 소리는 물체의 떨림이 공기의 진동을 통하여 전달됩니다.
• 서로 다른 소리에 의한 물체의 진동은 다른 특징을 나타냅니다.

🌐 과학의 창   소리를 안 들리게 하려면?

째각 째각 시계 소리가 어디로 갔지?

진공

물체가 떨려서 만들어진 소리를 들으려면 소리를 들을 수 있는 귀뿐만 아니라 소리를 전달해 줄 수 있는 공기가 있어야 됩니다. 공기가 없는 진공 상태에서는 아무리 고함을 쳐도 소리가 들리지 않기 때문입니다.

공기가 소리를 어떻게 전달하는지 소리굽쇠를 이용하여 알아봅시다. 소리굽쇠를 두드리면 소리굽쇠가 진동을 하게 되고, 소리굽쇠의 진동은 주위의 공기를 진동시키고, 진동된 공기는 옆의 공기를 진동시키고, 옆의 공기는 또 그 옆의 공기를 진동시켜. 이렇게 공기는 도미노처럼 진동을 전달하여, 고막까지 떨리게 해 우리 귀에까지 소리가 전달됩니다.

유리공 안에 소리가 나는 시계를 넣고 진공 상태로 만들면 소리가 들리지 않습니다. 그러나 공기를 넣어 주면 다시 소리가 들립니다. 소리를 전달하는 물질은 공기뿐 아니라, 물, 실, 용수철, 유리, 나무, 흙 등 다양합니다.

관찰

❖ 탐구 목표 • 세기와 높낮이가 다른 소리를 발생시킬 수 있다.
        • 세기와 높낮이가 다른 소리의 특징을 설명할 수 있다.
❖ 준 비 물 굵기가 다른 빨대 여러 개, OHP 필름, 셀로판테이프, 가위, 칼

탐구 과정

① 굵은 빨대의 한쪽을 가위나 칼로 약 45° 정도 기울기로 비스듬히 자릅니다.

② 잘라진 빨대의 단면에 맞도록 OHP 필름을 나뭇잎 모양으로 잘라냅니다.

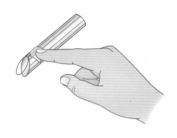

③ 잘라낸 OHP 필름의 끝부분을 셀로판테이프로 빨대에 붙이고, 나머지 부분을 접어 빨대의 비스듬한 부분과 마주보도록 합니다.

굵기가 상대적으로 얇은 빨대를 굵은 빨대에 끼울 때, 공기가 두 빨대 사이로 새지 않아야 합니다.

빨대 피리는 입에서 바람을 내어 부르는 것보다 들이마시는 경우에 소리가 더 잘 나요.

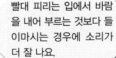

④ 과정 ③의 빨대보다 굵기가 얇은 빨대를 일정한 길이로 잘라 과정 ③의 빨대에 끼웁니다.

⑤ 끼운 빨대를 밀거나 당기면서 빨대를 통해 공기를 들이마십니다. 이때 약하게 들이마실 때와 세게 들이마실 때 빨대가 내는 소리를 주의 깊게 들어봅니다.

⑥ 길이가 서로 다른 빨대 여러 개를 셀로판테이프로 연결한 후 공기를 들이마시면서 빨대가 내는 소리를 주의 깊게 들어봅니다.

탐구 결과

1. 빨대 속의 공기를 세게 들이마실 때와 약하게 들이마실 때에 빨대 피리에서 나는 소리는 어떻게 다릅니까?

   ⇨ 약하게 들이마실 때보다 공기를 세게 들이마실 때에 더 큰 소리가 납니다.

2. 빨대 피리의 길이가 길 때와 빨대 피리의 길이가 짧을 때에 빨대 피리에서 나는 소리는 어떻게 다릅니까?

   ⇨ 빨대 피리의 길이가 길 때보다 빨대 피리의 길이가 짧을 때에 더 높은 소리가 납니다.

3. 빨대 피리의 공기를 들이마실 때, 소리가 발생하는 이유를 생각해 봅시다.

   ⇨ 빨대 내부의 공기가 외부로 빠져나갈 때, OHP 필름이 떨리게 되어 빨대와 부딪히면서 소리가 발생합니다.

4. 빨대 피리에서 내는 소리의 높낮이를 변화시킬 수 있는 방법에 대해 생각해 봅시다.

   ⇨ 빨대 피리의 OHP 필름이 떨리는 정도에 따라 소리의 높낮이가 달라집니다. 빨대 피리의 길이가 짧을 때에는 OHP 필름이 떨리는 정도가 많아져서 더 높은 소리가 납니다. 또한, OHP 필름의 크기가 클수록 OHP 필름이 떨리는 정도가 작아져서 더 낮은 소리가 납니다.

알게 된 점

빨대의 길이에 따라 소리의 높낮이가 달라지고, 공기를 빨아들이는 세기에 따라 소리의 세기(강약)가 달라집니다.

과학의 창

유리잔 악기 연주

2009년에 방영된 MBC 드라마 「선덕여왕」에서 주인공 '미실'은 다양한 높이로 물이 담겨 있는 유리잔을 막대로 두드리며 아름다운 곡을 연주합니다. 또한 유리잔을 막대와 같은 물체로 두드리지 않고, 유리잔 윗부분의 테두리를 물이 묻은 손으로 문질러도 음을 발생시킬 수 있는데, 유리잔에 담긴 물의 양에 따라 다양한 음을 연주할 수 있습니다. 그러면 아래와 같이 유리잔에 담긴 물이 양을 달리하여 음악 연주를 해 봅시다. 물의 높이를 적절히 조절하면 '도레미파솔라시도'의 한 옥타브 내의 음을 연주할 수 있습니다. 유리잔의 담긴 물의 양이 많을수록 유리잔을 두드릴 때 진동이 잘 발생하지 않아서 낮은 음이 발생하고, 유리잔에 담긴 물의 양이 작을수록 높은 음이 발생합니다.

▲ 유리잔 악기 연주

❖ **탐구 목표** • 세기와 높낮이가 다른 소리의 특징을 설명할 수 있다.

  • 간이 목소리 관찰 장치를 이용하여 세기와 높낮이가 다른 소리를 관찰할 수 있다.

❖ **준 비 물** 빨대, 빗자루 살, 가위, 종이컵, 순간접착제, 풍선

탐구 과정

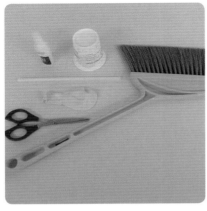

① 간이 목소리 관찰 장치 제작에 필요한 물품을 준비합니다.

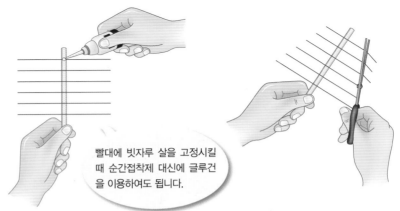

빨대에 빗자루 살을 고정시킬 때 순간접착제 대신에 글루건을 이용하여도 됩니다.

② 빗자루 살을 일정한 길이로 잘라 빗자루 살의 중앙 부분을 순간접착제를 이용하여 빨대에 일정한 간격으로 붙입니다.

③ 빗자루 살의 길이가 다양하도록 가위로 비스듬히 잘라냅니다.

④ 풍선을 잘라 종이컵의 아랫면에 그림과 같이 씌웁니다.

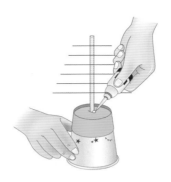

⑤ 빗자루 살이 달린 빨대를 종이컵 아랫면에 씌운 풍선 면에 순간접착제로 붙입니다.

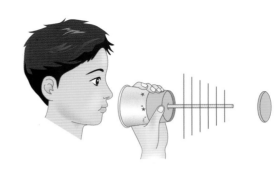

⑥ 종이컵을 입에 갖다 대고 소리의 세기 및 높낮이를 바꾸어 가며 소리를 지르면서 빗자루 살의 변화를 관찰합니다.

1. 소리를 세게 지르거나 작게 지를 때, 빨대에 부착된 빗자루 살이 떨리는 정도는 어떻게 다릅니까?

   ⇨ 소리를 세게 지를 때에 작게 지를 때보다 빗자루 살이 더 많이 떨립니다.

2. 소리를 높게 지를 때와 낮게 지를 때, 빨대의 떨리는 정도가 어떻게 다릅니까?

   ⇨ 소리를 높게 지를 때에 낮게 지를 때보다 같은 시간 동안에 빨대가 더 많이 떨립니다.

3. 소리를 높게 지를 때와 낮게 지를 때, 빨대에 부착된 빗자루 살이 떨리는 정도는 어떻게 다릅니까?

   ⇨ 소리를 높게 지르면 길이가 상대적으로 짧은 빗자루 살이 주로 떨리고, 소리를 낮게 지르면 길이가 긴 빗자루 살이 주로 떨립니다.

4. 소리가 어떻게 전달되어 빗자루 살이 떨리게 되는지 생각해 봅시다.

   ⇨ 소리는 성대의 떨림에 의해 발생하며, 이에 따라 목 주위의 공기가 떨리면서 그 떨림 현상이 풍선의 진동을 통해 빗자루 살에 전달되는 것입니다.

알게 된 점

- 목소리는 성대의 떨림에 의해 발생하며, 이 떨림 현상이 공기의 떨림을 통하여 전달됩니다.
- 작은 소리에 비해 큰 소리를 지를 때 상대적으로 성대의 떨리는 정도가 더 큽니다.
- 낮은 소리에 비해 높은 소리를 지를 때 같은 시간 동안 상대적으로 성대가 더 많이 떨립니다.

🌏 과학의 창 다양한 종류의 악기

악기는 소리를 내어 음악을 연주하는 데 사용하는 것으로 연주하는 방법에 따라 현악기, 관악기, 타악기로 나눕니다. 현악기는 현, 즉 줄의 떨림에 의해 소리를 내는 악기로써, 줄을 손으로 튕기거나 채 또는 활 등으로 켜는 방식이 있습니다. 관악기는 공기의 진동에 의해 소리가 생성되는 것으로 재질에 따라 금관 악기 혹은 목관 악기, 한쪽 끝이 막혀 있는 여부에 따라 개관(열린 관) 혹은 폐관(닫힌 관)으로 구분됩니다. 타악기는 물체를 손이나 채로 치고, 서로 부딪히거나 마찰을 일으켜서 소리를 발생시키는 것으로 탬버린, 징, 꽹과리 등이 있습니다. 우리 주변에서 흔히 볼 수 있는 고무줄, 나무 대롱, 유리잔, 낚시줄을 이용하여, 나만의 악기를 만들 수 있습니다.

▲ 바이올린

▲ 플룻

▲ 탬버린

❖ **탐구 목표** • 우리 주위에서 쉽게 볼 수 있는 재료를 활용하여 양팔저울과 용수철저울을 만들 수 있다.
　　　　　　 • 양팔저울과 용수철저울을 이용하여 물체의 무게를 비교하거나 측정할 수 있다.

❖ **준 비 물** • 양팔저울 : 달력 지지대(옷걸이), 긴 자(30 cm 이상), 1회용 접시, 굵은 실, 페트병(2 L), 클립
　　　　　　 • 용수철저울 : 종이컵, 용수철(5 cm), 투명한 플라스틱 대롱, 클립, 실, 종이, 지우개, 마카펜, 연필, 가위 등 학용품

탐구 과정

(1) 양팔저울 만들기

① 달력 지지대의 양끝 지점에 클립과 실을 이용하여 접시를 수평으로 매답니다.

② 달력 지지대의 중심 부분을 물이 가득찬 페트병 또는 스탠드에 매달아 양팔저울을 완성합니다.

③ 추 100 g을 왼쪽 접시에, 막대자석을 오른쪽 접시에 올려놓았을 때 양쪽 접시가 어떻게 기울어지는지 관찰합니다.

(2) 용수철저울 만들기

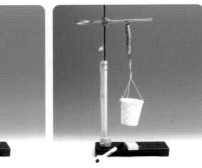

④ 용수철의 한쪽 끝에 여러 개의 클립을 연결하고, 용수철과 연결된 클립을 눈금이 표시된 플라스틱 대롱에 통과하도록 넣습니다.

⑤ 과정 ④에서 만든 용수철을 스탠드에 걸어 놓고 추를 1개, 2개, 3개씩 매달아 가며, 추의 무게에 해당하는 용수철의 늘어난 길이를 대롱에 표시하여 눈금을 만듭니다.

⑥ 작은 추를 매달아서 용수철 끝부분이 플라스틱 대롱의 눈금 '0'에 오도록 조절하고, 용수철의 한쪽 끝에 종이컵을 실로 매달아 용수철저울을 완성합니다.

⑦ 용수철저울을 이용하여 각종 학용품의 무게를 측정하고, 각각의 경우에 용수철의 늘어난 길이를 측정합니다.

1. 추 100 g을 왼쪽 접시에, 막대자석을 오른쪽 접시에 올려놓았을 때 양쪽 접시 중 어느 쪽으로 많이 기울어집니까?

   ⇨ 양팔저울은 추 100 g이 담긴 왼쪽 접시 쪽으로 많이 기웁니다. 즉, 막대자석의 무게는 100 g보다 작습니다.

2. 추 100 g을 왼쪽 접시에, 막대자석을 오른쪽 접시에 올려놓은 상태에서 어떻게 하면 양팔저울이 수평을 이룰 수 있는지 생각해 봅시다.

   ⇨ 왼쪽 끝에 매단 추 100 g은 그대로 두고, 막대자석이 담긴 오른쪽 접시를 중심으로부터 한쪽 끝까지 거리의 반 정도 되는 곳으로 옮겨서 매달면 양쪽 저울이 수평을 이룹니다.

3. 각종 학용품을 용수철저울에 매달았을 때 용수철의 늘어난 길이를 측정한 값을 다음 표에 기록해 봅시다.

	지우개	연필	가위
늘어난 길이(cm) 예시	3	1	9

4. 학용품의 무게에 따라 용수철의 늘어난 길이가 어떻게 변하는지 생각해 봅시다.

   ⇨ 학용품의 무게가 무거울수록 용수철의 늘어난 길이가 커집니다.

알게 된 점

• 양팔저울은 물체의 무게를 비교하는 데 사용됩니다.
• 용수철저울은 물체의 무게를 측정하는 데 사용됩니다.

🌏 과학의 창 만약 화성이나 달에 양팔저울과 용수철저울을 가져가면 …

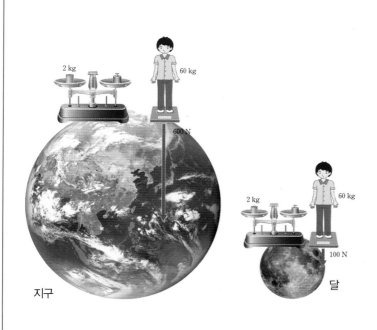

양팔저울 혹은 윗접시 저울은 양쪽의 접시에 놓인 물체의 무게를 단순히 비교하는 데 사용됩니다. 양팔저울의 중심으로부터 같은 거리에 접시를 양쪽에 놓아 두고 물체를 올려놓았을 때, 기울어진 쪽의 물체가 더 무겁습니다. 만약 물체의 질량을 정확히 알고 싶은 경우에는 질량을 정확히 알고 있는 추를 이용하여 수평을 이루게 함으로써 측정할 수 있습니다. 그리고 양팔저울을 높은 산이나 달 또는 화성에 가져가서 물체의 질량을 측정하여도 물체의 질량은 변하지 않습니다.

반면에 용수철에 물체를 매달아 늘어나는 길이 변화의 정도를 이용하여 물체의 무게를 측정하는 용수철저울의 경우에는 높이 또는 장소에 따라 측정값이 달라지는데, 용수철저울을 화성이나 달에 가져가면 지구에 비해 중력이 작기 때문에 무게도 상대적으로 작게 측정됩니다. 예를 들어 달에서는 물체에 작용하는 중력이 지구에 비해 1/6이므로, 지구에서 측정되는 물체의 무게에 비해 1/6로 측정됩니다.

❖ **탐구 목표** 수평잡기로 물체의 무게를 비교할 수 있다.

❖ **준 비 물** 양팔저울, 추 100 g짜리 여러 개

탐구 과정

① 양팔저울의 왼쪽 팔 2번 위치에 100 g짜리 추 두 개를 매달고 저울이 기울어진 모습을 관찰합니다.

② 과정 ①에 오른쪽 팔의 3번 위치에 100 g짜리 추 한 개를 더 매달고 저울이 수평을 이루는지 관찰합니다.

③ 과정 ①에 오른쪽 팔의 4번 위치에 100 g짜리 추 한 개를 더 매달고 저울이 수평을 이루는지 관찰합니다.

④ 과정 ①에 오른쪽 팔의 5번 위치에 100 g짜리 추 한 개를 더 매달고 저울이 기울어진 모습을 관찰합니다.

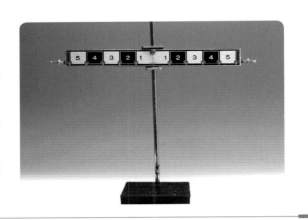

탐구 결과

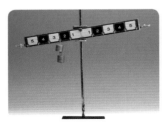   

1. 양팔저울의 왼쪽 2번 위치에 100 g짜리 추 두 개를 매달았을 때, 어느 쪽 팔이 아래로 기울어집니까?

   ⇨ 추가 달린 왼쪽 팔이 아래로 기울어집니다.

2. 과정 ②, ③에서 저울이 수평을 이룰 때는 언제입니까?

   ⇨ 과정 ④에서 저울이 수평을 이룹니다.

3. 과정 ④에서 어느 쪽 팔이 아래로 기울어집니까?

   ⇨ 추를 5번 위치에 매단 오른쪽 팔이 아래로 기울어집니다.

4. 양팔저울이 수평을 이룰 조건을 생각해 봅시다.

   ⇨ 양쪽 팔에서 '양팔저울의 받침점으로부터 추의 거리×추의 개수'가 같을 때 수평을 이룹니다.

알게 된 점

'양팔저울의 받침점으로부터 추의 거리 × 추의 개수'가 양쪽이 같을 때 양팔저울은 수평을 이룹니다.

09 용수철저울 사용하기

측정

❖ 탐구 목표 용수철저울을 사용하여 물체의 무게와 용수철의 늘어난 길이의 관계를 설명할 수 있다.

❖ 준 비 물 용수철저울, 30 cm 자, 스탠드, 클램프, 연필, 지우개, 가위, 볼펜, 머그컵, 국자

탐구 과정

① 측정하려고 준비한 물체들의 무게를 손으로 어림하여 가벼운 것에서 무거운 것의 순으로 늘어놓습니다.

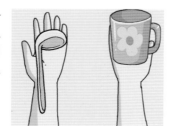

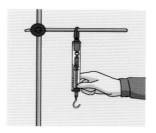

② 실험대 위의 스탠드에 용수철저울을 매답니다.

④ 측정하려고 준비한 물체들을 어림한 무게 순으로 용수철저울의 아래쪽에 위치한 고리에 물체를 매달고 무게를 측정합니다.

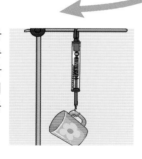

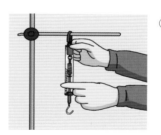

③ 용수철저울의 영점 조절 나사를 조절하여 눈금 표시자가 '0'에 오도록 합니다.

탐구 결과

1. 용수철저울에 매단 물체의 무게를 측정한 값을 다음 표에 기록해 봅시다.

물체	볼펜	연필	지우개	가위	머그컵
무게(g) 예시	4	6	16	46	2

2. 손으로 어림한 물체의 무게와 실제 측정한 물체의 무게는 어떻게 다른지 비교해 봅시다.

⇨ 손으로 어림한 물체의 무게와 실제 측정한 물체의 무게는 무거운 순서가 일치합니다. 하지만 손으로 어림한 물체의 무게는 실제 측정한 물체의 무게만큼 정확하지 않습니다.

알게 된 점

손으로 어림하여 물체의 무게를 재면 정확한 무게를 잴 수 없으므로 용수철저울을 이용하여 물체의 무게를 측정합니다.

측정

❖ 탐구 목표 • 전등과 물체의 거리에 따른 그림자의 크기 변화를 설명할 수 있다.
　　　　　 • 물체와 스크린의 거리에 따른 그림자의 크기 변화를 설명할 수 있다.

❖ 준 비 물　전등, 구형 물체, 스크린, 자

유의점
암실에서 실험을 하고, 그림자의 경계가 명확한 부분(본그림자)까지의 크기를 측정합니다.

탐구 과정

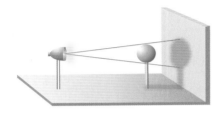

① 전등, 물체, 스크린 순으로 배열을 하고, 전등을 켜서 스크린에 나타난 그림자의 크기를 자로 측정합니다.

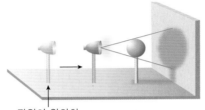

광원의 원위치

② 물체와 스크린은 고정하고 전등을 물체와 가까워지는 방향으로 움직이며, 그림자의 크기를 측정합니다.

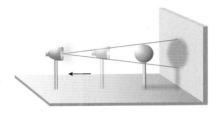

③ 물체와 스크린은 고정하고 전등을 물체와 멀어지는 방향으로 움직이며, 그림자의 크기를 측정합니다.

(1) 전등과 물체의 거리에 따른 그림자 크기 비교

(2) 물체와 스크린 사이의 거리에 따른 그림자 크기 비교

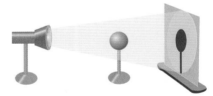

④ 전등, 물체, 스크린 순으로 배열을 하고, 전등을 켜서 스크린에 나타난 그림자의 크기를 자로 측정합니다.

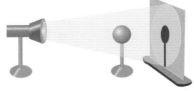

⑤ 전등과 물체는 고정하고, 스크린과 물체의 거리를 가깝게 하면서 그림자의 크기를 측정합니다.

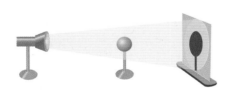

⑥ 스크린과 물체 사이의 거리를 더 멀리 하면서 그림자의 크기를 측정합니다.

1. 전등과 물체 사이의 거리에 따라 그림자의 크기는 어떻게 변합니까?

　⇨ 전등과 물체 사이의 거리가 가까울수록 그림자의 크기는 증가합니다.

2. 물체와 스크린 사이의 거리에 따라 그림자의 크기는 어떻게 변합니까?

　⇨ 물체와 스크린 사이의 거리가 멀어질수록 그림자의 크기는 증가합니다.

3. 그림자를 크게 하는 방법에는 어떤 것이 있는지 생각해 봅시다.

　⇨ 전등과 물체 사이의 거리는 가깝게 하고, 물체와 스크린 사이의 거리는 멀리 합니다.

알게 된 점

• 물체의 그림자의 크기에 영향을 주는 요인은 전등과 물체 사이의 거리와 물체와 스크린 사이의 거리 차이입니다.
• 전등과 물체 사이의 거리가 가깝고, 물체와 스크린 사이의 거리가 클수록 그림자의 크기는 증가합니다.

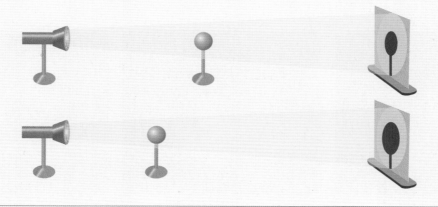

과학의 창

개기 일식

　태양이 달에 의해 가려져 볼 수 없는 현상이 나타납니다. 태양은 달에 비하여 엄청나게 큰데, 어떻게 이런 현상이 나타나는 걸까요? 바로 태양과 지구와의 거리, 지구와 달과의 거리 차이 때문입니다. 태양-달-지구 순으로 일직선으로 있을 때, 태양에 비해 엄청 가까운 달이 지구에서 볼 때는 태양보다 커 보이기 때문에 태양을 달이 가리는 형태가 됩니다.

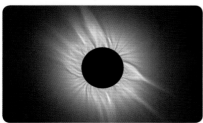

　우주 공간에서 태양-달-지구가 일직선으로 놓이게 되면 지구상에서 달의 그림자 때문에 태양을 볼 수 없는 지역이 생깁니다. 지상에서 볼 때 이 현상은 마치 달이 서서히 태양을 가리는 것처럼 보이며 이것을 개기 일식이라고 합니다. 전지구상에서 개기 일식은 약 2년에 한 번 정도 일어나고, 발생 시간은 길어지며, 짧게는 30초에서 길게는 6분 정도 진행됩니다.

❖ 탐구 목표 • 여러 가지 물체의 그림자를 관찰하여 그림자는 빛이 물체에 의해 차단되어 생기는 현상임을 설명할 수 있다.
  • 다양한 모양의 그림자를 만들 수 있다.

❖ 준 비 물 지우개(또는 불투명한 물체), 슬라이드글라스(또는 유리), 유리 비커, 물, 아크릴, 조각칼(혹은 레이저 컷팅기), 얼음, 손전등, 레이저

유의점

손전등과 레이저를 이용하여 빛을 물체에 비출 때 빛이 눈을 향하지 않도록 주의합니다.

탐구 과정

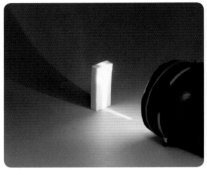

① 지우개(또는 불투명한 물체)에 손전등으로 빛을 비추어 그림자가 나타나는지 관찰하고, 그 모양을 그려 봅시다.

② 슬라이드글라스(또는 유리)에 빛을 비추어 그림자가 나타나는지 관찰합니다.

③ 얼음에 빛을 비추어 그림자가 나타나는지 관찰합니다.

④ 유리 비커에 물을 담고, 빛을 비추어 그림자가 나타나는지 관찰합니다.

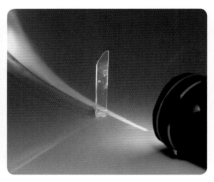

⑤ 구멍을 뚫은 아크릴에 빛을 비추어 그림자가 나타나는지 관찰합니다.

⑥ 조각칼이나 레이저 커팅기를 이용하여 아크릴에 무늬를 새긴 후 빛을 비추어 그림자가 나타나는지 관찰하고 그 모양을 그려 봅시다.

1. 여러 물체에 빛을 비추었을 때 그림자가 어떻게 나타나는지 과정 ①~⑥의 관찰 결과를 아래 표에 정리해 봅시다.

구분	불투명한 물체 (지우개)	슬라이드글라스 (유리)	얼음	물이 담긴 비커	구멍 뚫린 아크릴	조각이 새겨진 아크릴
그림자의 생성 여부	그림자가 뚜렷하게 나타납니다.	그림자가 보이지 않습니다.	그림자가 희미하게 나타납니다.	그림자가 희미하게 나타납니다.	구멍의 테두리 부분은 그림자가 뚜렷이 나타납니다.	조각이 새겨진 부분은 그림자가 뚜렷이 나타납니다.

2. 빛을 비추었을 때 그림자가 나타나는 것은 어떤 특징을 가진 물체일까요?

　　불투명한 물체 혹은 투명한 물체에 흠집이 나거나 무늬가 새겨진 부분에 빛이 비추어지면 빛이 도달하지 못한 부분에 그림자가 만들어집니다.

3. 빛을 비추었을 때 그림자가 나타나는 원인을 생각해 봅시다.

　　빛은 직진하는데, 빛을 비추었을 때 불투명한 물체는 빛이 통과하지 못하기 때문에 빛이 도달하지 못한 지점에 그림자가 만들어집니다.

알게 된 점

- 빛이 직진하기 때문에 빛이 투명한 물체를 통과하면 그림자가 만들어지지 않고, 빛이 불투명한 물체를 통과하지 못하면 그림자가 만들어집니다.
- 투명한 물체라도 물체의 경계면이나 무늬가 새겨진 부분은 빛이 잘 통과하기 못하여 빛이 비추어질 때 그림자가 만들어집니다.

🌎 과학의 창 투명한 물체에는 왜 그림자가 생길까?

　　빛은 직진하는 성질이 있으므로 빛이 진행할 때 불투명한 물체를 통과하지 못하게 되고, 빛이 도달하지 못한 부분에는 그렇지 않은 지점보다 어두운 그림자가 관찰됩니다. 빛이 모두 투과되는 물체를 완전 투명체라고 하며, 빛이 완전히 투과되지 못하는 물체를 완전 불투명체라고 합니다. 그리고 진행하는 빛의 일부는 투과하고 나머지는 투과하지 못하는 물체를 반투명체라고 합니다. 물과 얼음, 아크릴과 같은 반투명체는 빛을 비추었을 때, 빛의 일부는 투과하지만 나머지는 투과하지 못하여 물체의 일부분이나 경계면의 그림자가 관찰됩니다. 자동차 유리나 건물의 유리를 볼 때, 창문 너머의 물체도 투과되어 보이지만 관찰자의 반사된 모습도 보이는 것은 유리가 반투명체이기 때문입니다.

▲ 물이 담긴 유리컵의 그림자

▲ 유리창에는 안과 밖의 물체가 모두 비친다.

12 물체와 평면거울에 비친 모습 비교하기

❖ **탐구 목표** 실물과 평면거울에 비친 모습을 비교하여 거울의 성질을 설명할 수 있다.

❖ **준 비 물** 평면거울, 물체(막대자석, 단추, 바둑알 등), 자, 투명 눈금 인쇄 시트지

유의점

물체와 평면거울을 같은 높이에 위치하도록 하고, 평면거울을 수직으로 세우도록 합니다.

탐구 과정

특히 거울에 보이는 막대자석의 극이 나타난 방향과 글자 'N', 'S'의 모양의 특징을 관찰합니다.

① 막대자석의 N극과 S극이 평면거울에 보이도록 하여, 평면거울 면과 평행하도록 놓아두고, 평면거울에 나타난 막대자석의 모습을 관찰합니다.

② 인형을 거울 앞에 놓고 평면거울에 나타난 모습(상)의 변화를 관찰합니다. 이때 인형의 오른쪽 부분이 거울 면으로부터 왼쪽 부분에 비해 상대적으로 멀리 떨어지게 놓아둡니다.

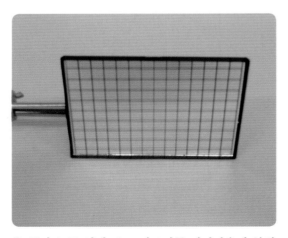

③ 투명 눈금 인쇄 보조 시트지를 평면거울에 붙입니다.

④ 평면거울로부터 각각 5 cm와 15 cm 만큼 떨어진 지점에 같은 크기의 두 물체를 놓아 두고, 평면거울에 나타난 모습(상)을 관찰하여 상의 크기를 비교합니다.

1. 평면거울에 보이는 막대자석 극의 글자('N', 'S')는 원래 글자와 어떻게 다릅니까?

⇨ 평면거울에 나타난 글자는 막대자석의 글자와 좌우가 대칭되어 보입니다. 엄밀하게 말하면 앞뒤 대칭이 정확한 표현입니다.

2. 인형의 오른쪽 부분을 거울 면으로부터 왼쪽 부분에 비해 상대적으로 멀리 떨어지게 놓아둘 때, 평면거울에 나타난 인형의 어느 쪽이 거울 면으로부터 멀어지는 것처럼 보입니까?

⇨ 평면거울에 나타난 인형의 왼쪽 부분이 관찰자로부터 멀어지는 것처럼 보입니다.

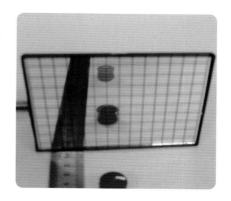

3. 평면거울로부터 각각 5 cm, 15 cm 떨어진 물체에 의해 평면거울에 나타난 모습(상)의 크기를 비교해 봅시다.

⇨ 평면거울로부터 멀리 떨어진 지점에 물체가 위치할수록 평면거울에 나타난 모습(상)의 크기는 상대적으로 작게 관찰됩니다.

알게 된 점

• 평면거울에 나타난 물체의 모습은 실제 물체와 비교하여 앞뒤 대칭(면 대칭)된 모습입니다.
• 동일한 크기의 물체가 평면거울로부터 멀리 떨어진 지점에 위치할수록 거리에 따라 상대적으로 작은 크기로 관찰됩니다.

과학의 창

자동차 유리창에 비추는 내비게이션

자동차 내비게이션은 지도를 보여 주거나 지름길을 찾아 주어 운전을 도와주는 장치나 프로그램입니다. 그런데 초창기의 내비게이션은 자동차 운전석의 우측 중앙에 위치하여, 운전자의 시야를 분산시킴으로써 각종 교통사고를 유발하였습니다. 'HUD(Head Up Display)'는 운전석 유리창에 길을 안내해 주거나 현재 속력 등 각종 정보를 운전자에게 안내하는 장치로, 운전자의 시야를 분산시키지 않고도 운전자에게 길을 안내해 줄 수 있습니다. 'HUD'는 물체가 평면거울에 반사될 때 상의 모습이 앞뒤 대칭(면 대칭)되는 원리를 이용한 것으로 스마트 기기 화면의 글자가 운전석 유리창에 반사되어 운전자에게 바로 선 글자가 보이게 할 수 있도록 미리 앞뒤 대칭되어 있습니다.

▲ 내비게이션

▲ 자동차 유리에 비추는 내비게이션 화면

측정

❖ 탐구 목표 • 온도계로 여러 장소의 온도를 측정하여 비교할 수 있다.
　　　　　 • 온도계로 물과 수증기 및 얼음의 온도를 측정하여 비교할 수 있다.
❖ 준 비 물 알코올온도계, 전자 온도계, 알코올램프, 비커, 실험대, 고리, 물, 얼음

탐구 과정

(1) 여러 곳의 온도 측정하기

① 생활하기에 알맞은 방 안의 온도를 재어 보고 친구들과 비교하여 봅시다.

② 목욕하기에 적당한 물의 온도를 재어 보고 친구들과 비교하여 봅시다.

③ 집에서 장소를 달리하면서 온도를 재어 본 후 그래프로 나타내어 봅시다.

(2) 물과 수증기 및 얼음의 온도 측정하기

④ 비커 속에 물을 넣고 물의 온도를 측정해 봅시다.

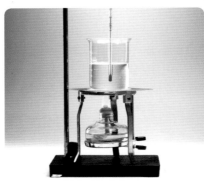

⑤ 비커 속의 물을 알코올램프로 가열하고 물이 끓어오를 때의 온도를 측정해 봅시다.

⑥ 냉장고에서 얼린 얼음을 비커 속에 넣고 적외선 온도계로 온도를 측정해 봅시다.

Tip

과정 ③에서 온도를 측정할 때 집 안의 볕이 들거나 들지 않는 곳, 바람이 잘 불거나 불지 않는 곳, 대문 앞, 부엌, 앞마당(남쪽), 뒷마당(북쪽), 흙 속 나무 아래, 대문 근처 등으로 장소를 달리합니다.

1. 과정 ①에서 생활하기에 알맞은 방 안에서 측정한 온도는 몇 ℃입니까?

  ⇨ 측정 온도 예시 : 18 ℃

2. 과정 ②에서 목욕물을 측정한 온도는 몇 ℃입니까?

  ⇨ 측정 온도 예시 : 37 ℃

3. 과정 ③에서 장소를 달리하여 측정한 온도는 몇 ℃입니까?

구분	해가 비추는 곳	해가 비추지 않는 곳	부엌	앞마당	뒷마당	흙 속 나무 아래	대문 근처
측정 온도(℃) 예시	22	18	20	20	17	19	18

4. 주변의 해가 비추는 곳과 비추지 않는 곳의 온도를 비교해 봅시다.

  ⇨ 해가 비추는 곳이 비추지 않는 곳보다 온도가 높습니다.

5. 바람이 부는 곳과 불지 않는 곳의 온도를 비교해 봅시다.

  ⇨ 바람이 부는 곳이 불지 않는 곳보다 온도가 낮습니다.

6. 과정 ④～⑥에서 측정한 온도를 다음 표에 정리합시다.

구분	비커 속에 들어 있는 물	비커 속의 물이 끓어오를 때의 온도	비커 속의 얼음의 온도
측정 온도(℃) 예시	18	100	−5

7. 물과 얼음 및 수증기의 온도를 비교해 보고, 물질의 상태에 따라 온도가 어떻게 다른지 생각해 봅시다.

  ⇨ 수증기 > 물 > 얼음의 순으로 온도가 높고, 기체 > 액체 > 고체의 순으로 온도가 높습니다.

알게 된 점

• 사람들이 생활하기에 알맞은 온도는 18 ℃이며, 겨울철의 난방 온도는 15～20 ℃로, 여름철의 냉방 온도는 25～26 ℃로 유지하는 것이 바람직합니다.
• 해가 비추는 곳이 비추지 않는 곳보다 온도가 높습니다.
• 바람이 부는 곳이 불지 않는 곳보다 온도가 낮습니다.
• 같은 물질일 경우 물체의 온도는 기체 > 액체 > 고체의 순으로 높습니다.

🌐 과학의 창   체감 온도 / 상온

  체감 온도는 피부가 덥거나 춥다고 느끼는 체감의 정도를 나타내는 온도로 느낌 온도라고도 합니다. 체감 온도는 기온, 습도, 풍속, 일사량 등이 종합적으로 작용함에 따라 달라지는데, 특히 겨울철에 바람이 많이 부는 지역은 기온에 비해 체감 온도가 훨씬 낮게 나타납니다.

  MBC 방영 '불만제로' 프로그램에서 "우유는 냉장 보관, 두유는 상온 보관'이라는 내용이 있었습니다(2009년 4월 9일). 일상생활과 과학에서 흔히 사용하는 '상온'은 늘 일정한 온도 혹은 일 년 동안의 기온을 평균한 온도를 의미합니다. 그러나 상온의 온도는 엄밀하게 정의되어 있지 않고 대략 20～25℃로 하는 경우가 많습니다. 즉 상온 보관이란 음식물 혹은 물건을 냉장고 혹은 냉동고에 보관하지 않고, 햇빛이 들지 않고 난방 기구나 냉방 기구 등이 없는 공간에 두어 보관하는 것을 의미합니다. 음식물에 따라 보관 방법 및 온도가 다르므로, 보관 장소를 구분하는 것이 바람직합니다.

온도가 다른 두 물체를 접촉할 때의 온도 변화

측정

❖ 탐구 목표 온도가 다른 두 물체를 접촉 시킬 때 두 물체의 온도 변화를 측정할 수 있다.

❖ 준 비 물 알코올온도계 2개, 스탠드, 고정 집게 , 수조, 쇠고리, 삼각 플라스크, 초시계, 구리줄, 더운물. 실온의 물

탐구 과정

① 수조 속에 작은 삼각 플라스크를 놓고 알코올온도계 두 개를 설치합니다.

② 삼각 플라스크에 실온의 물을 $\frac{1}{3}$ 정도 넣습니다.

③ 수조에는 더운물을 삼각 플라스크가 잠길 정도로 넣습니다. 그리고 1분마다 수조 속의 물의 온도와 삼각 플라스크 속의 물의 온도를 측정합니다.

과학의 창

몸에 열이 많다, 이마에 열이 많다?

어린이가 감기에 걸린 경우 부모님들이 아이의 이마에 손을 갖다 대는 것을 볼 수 있습니다. 아이가 감기에 걸리면 인체의 면역 반응에 의해 체온이 증가하게 되고, 아이의 이마에 감기가 걸리지 않은 사람의 손을 가져가면 온도 차이를 느끼게 됩니다. 이때, 흔히 "이마에 열이 많다."라는 말을 하는데, 이것은 과학적으로 정확한 표현일까요?

열은 상대적으로 높은 온도의 물체에서 낮은 온도의 물체로 이동하는 에너지의 일종으로 체온이 높은 이마에 상대적으로 온도가 낮은 손을 가져갈 때, 이마에서 손으로 열이 이동하게 됩니다. 즉, 열은 온도가 다른 두 물체가 접촉할 때 고온의 물체에서 저온의 물체로 이동하여 두 물체의 온도가 같아진 열평형 상태일 때 열의 이동은 멈추게 됩니다.

이와 같이 열은 이동하는 현상이므로 '물체에 열이 많이 포함되거나 많이 있다.' 라고 하는 표현은 정확하지 않은 표현입니다. 그렇다면 감기가 걸린 이마에 손을 가져갈 때, 어떻게 표현하는 것이 과학적으로 옳은 표현일까요? '이마에서 손으로 열이 많이 전달되는 것으로 보아 이마의 온도가 높다.'로 표현하는 것이 과학적으로 옳다고 할 수 있습니다.

1. 과정 ③에서 측정한 값을 다음 표에 정리하고, 그래프로 나타내어 봅시다(표의 수치는 측정값의 예시입니다.)

경과 시간(분)	1	2	3	4	5	6	7	8	9	10	11	12	13
삼각 플라스크 속의 물의 온도(℃)	25	29	33	35	38	40	43	44	46	47	49	49	49
수조 속의 물의 온도(℃)	58	56	54	53	52	51	50.5	50	49.5	49.5	49	49	49

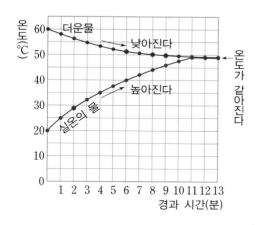

2. 삼각 플라스크 속의 물의 온도는 시간이 지남에 따라 어떻게 변합니까?

삼각플라스크 속의 물의 온도는 시간이 지남에 따라 올라갑니다.

3. 수조 속의 물의 온도는 시간이 지남에 따라 어떻게 변합니까?

수조 속의 물의 온도는 시간이 지남에 따라 내려갑니다.

4. 삼각 플라스크 속의 물과 수조 속의 물의 온도는 결국 어떻게 됩니까?

충분한 시간이 지나면 수조의 물과 삼각 플라스크의 물의 온도는 같아집니다.

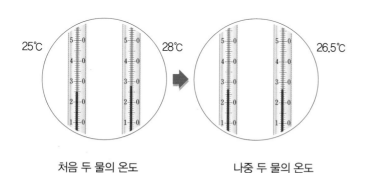

처음 두 물의 온도   나중 두 물의 온도

알게 된 점

• 더운물과 찬물을 접촉시키면 더운물에서 찬물로 열이 이동합니다.
• 열을 잃은 더운물은 온도가 낮아지고, 열을 얻은 찬물은 온도가 높아집니다.
• 충분한 시간이 지나면 접촉한 더운물과 찬물의 온도는 같아지고, 열의 이동이 멈추게 됩니다.

❖ **탐구 목표** 고체 물질의 열전도 빠르기를 비교할 수 있다.

❖ **준 비 물** 스탠드, 쇠고리, 알코올램프, 망치, 점화기, 초시계, 긴 못(철), 구리, 음료수 캔(알루미늄), 탄소 막대, 초, 알루미늄 테이프

유의점
초를 다룰 때는 화재가 일어나지 않도록 주의합니다.

🐛 탐구 과정

① 긴 못(철)의 머리 부분을 납작하게 만들고, 음료수 캔(알루미늄)을 잘라 길게 만듭니다. 그리고 구리판을 길게 오립니다. 이때 각각의 금속 띠는 탄소 막대와 같은 길이로 만듭니다.

② 실험대 위에 알코올램프를 올려놓고 그 위쪽에 쇠고리를 설치합니다.

③ 과정 ①에서 만든 3개의 금속 띠와 탄소 막대의 한쪽 끝부분에 양초 4개를 불에 녹여 각각 올려놓습니다.

④ 과정 ③에서 만든 촛불이 놓인 금속 띠를 쇠고리 위에 얹어 놓습니다. 이때 양초의 한쪽 끝을 한데 모아 묶어 주고, 양초를 올린 쪽은 부챗살 모양으로 퍼지도록 벌려 놓습니다.

⑤ 금속 띠의 한쪽 끝을 알코올램프로 가열하고, 각각의 금속 띠에서 양초가 녹아서 쓰러질 때까지의 시간을 잽니다.

1. 과정 ⑤에서 금속 띠와 탄소 막대를 계속 가열하면 양초에서는 어떤 현상이 나타나며, 이러한 현상이 나타나는 이유를 생각해 봅시다.

   ➡ 금속 띠와 탄소 막대를 가열함에 따라 위에 놓인 양초의 아랫부분이 열에 녹아 쓰러지게 됩니다. 이는 금속 띠와 탄소 막대가 열을 전달하기 때문입니다.

2. 각각의 금속 띠와 탄소 막대에서 양초가 녹아 쓰러지 때까지의 시간을 다음 표에 정리하고, 시간이 다른 이유를 생각해 봅시다.

 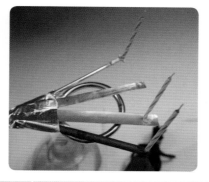 

고체	철	구리	알루미늄	탄소 막대
녹은 시간(예시)	4분 10초	56초	6분	4분 20초

3. 금속인 알루미늄 캔이 비금속인 탄소 막대보다 열이 잘 전도되지 않는 이유를 생각해 봅시다.

   ➡ 음료수 캔의 인쇄 물질 때문에 알루미늄 캔이 탄소 막대보다 열이 잘 전도되지 않습니다.

알게 된 점

• 열의 전도가 가장 잘 되는 것은 구리입니다.
• 전도가 잘 되는 순서 : 구리 > 철 > 탄소 막대 > 알루미늄 의 순으로 열의 전도가 잘 됩니다.
• 금속이 아닌 탄소 막대에서도 열이 전도됩니다.

과학의 창 — 보온병의 원리

열이 물질을 통해 이동하는 현상을 전도라고 합니다. 우리 생활에서는 구리 주전자와 같이 열전도가 잘 되는 것을 이용하는 것도 있지만 열전도가 잘 되지 않는 것을 이용하는 경우도 있습니다. 보온병이 그 좋은 예입니다.

보온병은 스테인리스 강철이나 유리로 이중벽을 만들고 그 사이의 공기를 빼어 진공으로 만든 것입니다. 이렇게 만들어진 진공은 공기에 의한 열의 전도를 막습니다. 안쪽 벽은 반사가 잘 되는 은으로 도금을 하여 열이 흡수되는 것을 방지하여 따뜻한 상태로 또는 차가운 상태로 오랫동안 보관할 수 있습니다.

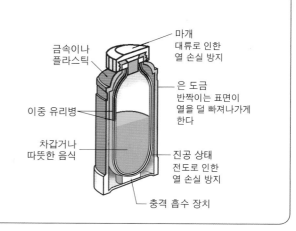

❖ 탐구 목표 액체에서의 열의 이동을 관찰할 수 있다.

❖ 준 비 물 물, 열 변색 잉크, 비커(500 mL), 유리 막대, 시험관 2개, 시험관대, 알코올램프, 점
화기, 스탠드, 고정 집게, 집게 잡이, 실험용 장갑

> **유의점**
> 가열된 삼발이는 매우 뜨거우니.
> 삼발이가 몸에 닿지 않도록 주의
> 합니다.

탐구 과정

② 시험관에 담긴 액체의 아랫부분을
가열하면서 액체의 색깔 변화를
관찰합니다.

① 시험관 2개에 물과 열 변색 잉크를
섞은 액체를 반 정도씩 담습니다.

③ 다른 시험관은 액체의 윗부분을 가
열하면서 액체의 색깔 변화를 관
찰합니다.

⑤ 열 변색 잉크가 섞인 물을 담은 비
커의 한쪽 부분을 알코올램프로
가열하면서 뜨거워진 액체의 색깔
변화를 관찰하여 봅시다.

④ 비커에 물을 반 정도 담고 열 변색
잉크를 넣어 잘 섞은 다음에 액체
의 색깔을 관찰합니다.

탐구 결과

1. 열 변색 잉크가 섞인 붉은색 액체의 아랫부분을 가열하면 액체의 색깔 변화는 어떠합니까?

   ⇨ 열 변색 잉크가 섞인 붉은색 액체의 아랫부분을 가열하면 윗부분이 무색이 됩니다.

2. 열 변색 잉크가 섞인 붉은색 액체의 윗부분을 가열하면 액체의 색깔 변화는 어떠합니까?

   ⇨ 열 변색 잉크가 섞인 붉은색 액체의 윗부분을 가열하면 윗부분부터 무색으로 변하면서 전체가 무색이 됩니다.

3. 시험관 속의 액체를 가열함에 따라 열이 어떻게 이동하는지 생각해 봅시다.

   ⇨ 가열하여 뜨거워진 액체가 위로 올라가는 것으로 보아 열도 위쪽으로 이동하는 것을 알 수 있습니다.

4. 과정 ⑤에서 비커 속의 뜨거워진 액체의 색깔 변화를 통하여 온도에 따른 액체의 이동 모습을 추리해 봅시다.

   ⇨ 붉은색 액체는 위로 올라가고, 무색 액체는 아래로 내려오는 것으로 보아 온도가 높은 액체는 위로 올라가고, 온도가 낮은 액체는 아래로 내려가면서 순환하게 됩니다.

알게 된 점

• 액체에서는 주위보다 온도가 높은 액체가 직접 위로 올라가면서 열이 이동합니다.
• 온도가 높은 액체는 위로 올라가고, 온도가 낮은 액체는 아래로 내려가면서 순환하게 됩니다. 열도 이에 따라 이동하면서 순환합니다(대류).

🔭 과학의 창 해륙풍

해안 지역에서 하루를 주기로 부는 바람을 해륙풍이라 합니다. 낮에는 육지가 바다에 비해 먼저 가열되기 때문에 육지 쪽의 공기가 위로 올라가므로 바다 쪽에서 바람이 불어 들어옵니다. 이때 바다에서 육지를 향해 부는 바람을 해풍이라 합니다. 한편, 밤이 되면 육지가 바다에 비해 먼저 차가워지기 때문에 육지 쪽의 공기가 아래로 무거워져서 하강하게 되고, 이 공기는 바다 쪽을 향해 이동하게 됩니다. 이때 육지에서 바다를 향해 부는 바람을 육풍이라 합니다. 이러한 해풍과 육풍을 합해서 해륙풍이라고 합니다.

▲ 해풍

▲ 육풍

17 물체의 다양한 운동 사례 관찰하기

관찰

❖ **탐구 목표** 일상생활에서 물체의 운동 사례를 관찰하여 속력을 이해할 수 있다.

❖ **준 비 물** 스마트 기기(Android 또는 애플 iOS)

유의점

스마트 기기의 모션 캡쳐 어플을 활용하여 물체의 운동을 분석할 때, 너무 가까이 있거나 멀리 있는 물체의 운동은 캡쳐화면에 잘 나타나지 않습니다.

탐구 과정

(1) 속력이 일정한 운동 관찰하기

① 스마트폰에 연속 촬영이 가능한 어플(예시: '모션샷(Motion Shot)')을 설치합니다.

② 징검다리를 건너는 사람의 운동을 일정한 시간 간격으로 캡쳐하고, 시간 간격 당 이동 거리 변화를 관찰합니다.

③ 에스컬레이터의 운동을 일정한 시간 간격으로 캡쳐하고, 시간 간격 당 이동 거리 변화를 관찰합니다.

(2) 속력이 변하는 운동 관찰하기

④ 미끄럼틀을 타고 내려오는 사람의 운동을 일정한 시간 간격으로 캡쳐하고, 시간 간격 당 이동 거리 변화를 관찰합니다.

⑤ 100 m 달리기를 시작한 사람의 운동을 일정한 시간 간격으로 캡쳐하고, 시간 간격 당 이동 거리 변화를 관찰합니다.

⑥ 횡단보도 앞에서 정지하는 자동차의 운동을 일정한 시간 간격으로 캡쳐하고, 시간 간격 당 이동 거리 변화를 관찰합니다.

탐구 결과

1. 관찰한 운동 중에서 일정 시간 간격 동안 이동한 거리가 일정한 것은 어느 것입니까?

   ⇨ 징검다리를 건널 때의 운동, 에스컬레이터의 운동

2. 관찰한 운동 중에서 일정 시간 간격 동안 이동한 거리가 증가하는 것은 어느 것입니까?

   ⇨ 미끄럼틀에서의 운동, 100 m 달리기에서 출발할 때의 운동

3. 관찰한 운동 중에서 일정 시간 간격 동안 이동한 거리가 감소하는 것은 어느 것입니까?

   ⇨ 자동차가 횡단보도 앞에서 정지할 때의 운동

4. 일정 시간 간격 당 물체의 이동 거리가 일정한 운동과 이동 거리가 점점 변하는 운동의 특징을 비교해 봅시다.

   ⇨ 시간 간격 당 물체의 이동 거리가 일정한 운동은 속력이 일정한 운동입니다. 그리고 시간 간격 당 이동 거리가 점점 증가하는 것은 속력이 점점 빨라지는 운동이고, 이동 거리가 점점 감소하는 것은 속력이 점점 느려지는 운동입니다.

알게 된 점

• 속력이 일정한 물체의 운동은 일정한 시간 간격 동안 물체가 이동하는 거리가 일정합니다.

• 같은 시간 동안에 물체가 이동하는 거리가 클수록 물체의 속력이 빠릅니다.

과학의 창

스카이다이빙

▲ 스카이다이빙

▲ 빗방울의 낙하

스카이다이빙(Sky Diving)은 3000~4000 m 상공의 비행기에서 뛰어내린 후 시속 200~300 km로 1분 정도 하늘을 유영하다가, 일정한 높이(고도 약 700 m)에서 낙하산을 펼친 후 지표면에 안착하게 됩니다. 스카이다이버가 비행기에서 뛰어내린 후 낙하산을 펼치기 전까지는 속력이 점점 빨라지는 운동을 하다가, 낙하산을 펼친 후부터 속력이 점점 느려져 특정 순간부터는 일정한 속력으로 낙하 운동하게 됩니다. 이 일정한 속력을 '종단 속도(terminal velocity)'라고 부릅니다.

이것은 빗방울이 낙하하면서 속력이 점점 빨라지다가 공기의 저항에 의해 속력이 점점 느려져 일정한 속력으로 낙하하여, 빗방울을 맞아도 사람이 다치지 않게 되는 원리와 같습니다.

18 여러 교통수단의 속력 비교하기

❖ 탐구 목표 물체의 이동 거리와 걸린 시간을 조사하여 속력을 구할 수 있다.

❖ 준 비 물 인터넷 접속 가능한 PC 또는 스마트 기기, 교통수단 관련 서적

탐구 과정

① '네이버 길찾기' 웹사이트에서 승용차를 이용하였을 때, 부산–서울 간 이동 거리 및 걸리는 시간을 조사해 봅시다.

② '코버스(Kobus)' 홈페이지에서 고속버스를 이용할 때, 부산–서울 간 이동 거리와 걸리는 시간을 조사해 봅시다.

③ '코레일(Korail)' 홈페이지에서 고속전철을 이용할 때, 부산–서울 간 걸리는 시간과 고속철도의 거리를 검색하여 조사해 봅시다.

④ '항공사' 홈페이지에서 부산–서울 간 걸리는 시간과 인터넷 지도상의 직선 거리를 측정하여 '항공로 거리를 조사해 봅시다.

탐구 결과

1. 구간별(부산–서울)로 여러 교통수단을 이용할 때, 이동 거리 및 소요 시간을 조사하여 표를 완성하십시오.

교통수단	이동 거리(km)	소요 시간	교통수단	이동 거리(km)	소요 시간
승용차	390	5시간	KTX	420	2시간 30분
고속버스	390	4시간 30분	비행기	330	50분

2. 조사한 자료를 바탕으로 교통수단의 속력을 비교할 수 있는 방법에 대하여 생각해 봅시다.

⇨ 같은 거리를 이동하는 데 걸린 시간이 짧거나 같은 시간 동안 이동한 거리가 길수록 교통수단의 속력이 빠릅니다. 교통수단에 따라 1시간 동안 이동하는 거리를 구하면 속력을 비교할 수 있습니다. 이동 거리를 걸린 시간으로 나눈 값이 물체의 빠르기를 나타냅니다.

3. 조사한 자료를 바탕으로 각 교통수단의 속력을 구해 봅시다.

> 속력이 계속 변하므로 출발점과 도착점까지의 이동 거리와 걸린 시간을 이용하여 평균값을 구합니다.

• 부산–서울 구간을 승용차를 이용할 때의 속력 : $\dfrac{390 \text{ km}}{5\text{시간}} = 78 \text{ km/시간}$

• 부산–서울 구간을 고속버스를 이용할 때의 속력 : $\dfrac{390 \text{ km}}{4.5\text{시간}} ≒ 87 \text{ km/시간}$

• 부산–서울 구간을 KTX를 이용할 때의 속력 : $\dfrac{420 \text{ km}}{2.5\text{시간}} = 168 \text{ km/시간}$

• 부산–서울 구간을 비행기를 이용할 때의 속력 : $\dfrac{330 \text{ km}}{5/6\text{시간}} = 396 \text{ km/시간}$

알게 된 점

• 같은 거리를 이동하는 데 걸린 시간이 짧거나 같은 시간 동안 이동한 거리가 클수록 교통수단의 속력이 빠릅니다.

• 각 교통수단의 빠르기(속력)는 이동 거리를 걸린 시간으로 나눈 값으로 나타낼 수 있습니다.

19 속력과 관련된 교통안전 수칙 조사하기

조사

토의

❖ 탐구 목표 일상생활에서 속력과 관련하여 유의해야 할 안전 사항과 안전장치의 사례를 찾아 발표할 수 있다.
❖ 준 비 물 인터넷 접속 가능한 PC, 스마트 기기

탐구 과정

① 속력과 관련된 교통안전 수칙을 조사해 봅시다.
② 속력과 관련된 교통안전 수칙을 준수해야 하는 이유를 토의해 봅시다.
③ 안전을 위한 과속 방지 장치의 종류를 조사해 봅시다.
④ 과속 방지 장치가 만들어진 이유를 토의해 봅시다.

탐구 결과

(1) 속력과 관련된 교통안전 수칙

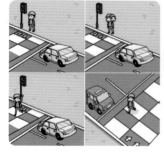

〈수칙 1〉 횡단보도를 건널 때에는 좌우를 살핀 뒤에 건넌다.

〈수칙 2〉 횡단보도에서는 한 손을 들고, 횡단보도의 오른쪽 지점에서 왼쪽 지점을 향하여 건넌다.

〈수칙 3〉 스마트폰을 하거나 이어폰을 귀에 꽂은 채로 큰 소리로 음악을 들으면서 횡단보도를 건너지 않는다.

〈수칙 4〉 무단 횡단을 하거나 보행자 신호가 빨간색일 때 횡단보도를 건너지 않는다.

(2) 과속 방지 장치

〈장치 1〉 어린이 보호 구역 안내 표지판 및 붉은색 보도블록 설치, 시속 30 km 제한 표시

〈장치 2〉 과속 방지턱

〈장치 3〉 무단 횡단 방지 장치

〈장치 4〉 과속 방지 카메라

알게 된 점

• 자동차는 무거운 물체이기 때문에 운행 중에 급정지를 하거나 방향을 변화시키기가 비교적 어렵습니다. 또 자동차의 속력이 클수록 브레이크를 밟은 후 정지할 때까지의 시간이 오래 걸리므로, 자동차가 과속할 때 교통사고의 위험이 증가합니다.
• 자동차의 과속에 의한 교통사고 발생 가능성을 감소시키기 위해 운전자, 보행자의 주의 및 안전장치 설치 등 모든 방면에서의 노력이 필요합니다.

❖ **탐구 목표** 프리즘에서 다양한 색이 나타나는 현상을 관찰하여 햇빛이 여러 가지 색으로 되어 있음을 설명할 수 있다.

❖ **준 비 물** 프리즘, 스크린(하드보드지 흰 면), 백색광 손전등, 백열등(주황색), 검은색 마분지, 평면거울, 물, 수조

탐구 과정

(1) 프리즘에 빛이 통과할 때 나타난 빛의 색깔 관찰하기

① 창문의 블라인드 사이로 입사된 햇빛이 프리즘을 통과하도록 하고, 나타난 빛의 색을 관찰합니다.

② 검은색 마분지에 1 mm 정도의 간격을 칼로 오려내어, 백색광 손전등에 부착합니다.

③ 좁은 간격을 통해 입사한 빛(백색광)을 프리즘에 통과하도록 하여, 나타난 빛의 색을 관찰합니다.

④ 백열등(주황색)을 사용하여 과정 ②~③을 반복합니다.

(2) 평면거울을 이용하여 무지개 관찰하기

⑤ 수조에 평면거울을 비스듬히 두고 물을 채운 후, 좁은 간격의 백색광이 물을 통과한 빛이 거울에서 반사되도록 합니다.

⑥ 물을 통과하여 거울에서 반사된 빛이 스크린에 맺히도록 조절합니다.

⑦ 스크린에 나타난 무지개 색을 관찰합니다.

Tip

무지개 색을 관찰하기 위해 프리즘에 빛을 입사시킬 때, 햇빛 또는 백색광 손전등을 이용합니다.

탐구 결과

[관찰 결과 예시]

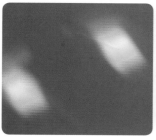   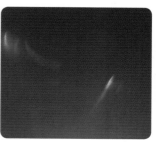

과정 ①의 결과 예시　　　과정 ③의 결과 예시　　　과정 ④의 결과 예시　　　과정 ⑦의 결과 예시

1. 프리즘을 통과한 햇빛(백색광)은 어떤 색깔로 나타나는가?

　　빨강, 주황, 노랑, 파랑, 초록, 남색, 보라색의 빛이 연속적으로 나타납니다.

2. 주황색 백열등에 의한 빛을 프리즘에 통과하였을 때, 여러 색깔의 빛이 나타나는가?

　　주로 주황색의 빛이 나타나며, 다른 색깔의 빛은 관찰되지 않습니다.

알게 된 점

프리즘을 통과한 햇빛(백색광)의 색깔을 통해 햇빛(백색광)은 빨강, 주황, 노랑, 파랑, 초록, 남색, 보라색의 여러 색이 연속된 빛으로 이루어져 있음을 알 수 있습니다.

🌏 과학의 창

백색광인 햇빛이 어떻게 알록달록 무지개로 나타날 수 있을까

　햇빛은 백색광이며 눈으로 관찰하면 무색으로 관찰됩니다. 그런데 프리즘을 통과한 백색광은 빨강, 주황, 노랑, 초록, 파랑, 남색, 보라색의 여러 색이 연속적으로 나타남을 관찰할 수 있습니다. 이와 같은 현상이 반대로 일어난다고 가정할 때, 여러 무지개 색을 합성하면 백색광이 됨을 알 수 있습니다. 여러 색깔의 빛을 합성할수록 점점 밝아지기 때문입니다.

　무지개 관련 속담을 알면, 기상을 예측할 수 있다!
　"서쪽에 무지개가 나타나면 소를 강가에 매지 말라."
　우리나라는 지구의 대기 흐름 중 서쪽에서 동쪽으로 바람이 불어오는 위도에 위치해 있습니다. 서쪽에 무지개가 나타났다는 것은 서쪽 하늘에 무지개를 생성할 수 있는 물방울 혹은 구름이 있다는 의미로, 곧 비가 내릴 가능성이 높다는 것을 나타냅니다. 그러므로 서쪽 하늘에서 무지개가 관찰되면 비가 와서 갑자기 불어난 강물에 소를 잃을 수 있으므로 소를 강가에 매지 말라고 한 것으로 우리 선조들의 과학적 지혜를 엿볼 수 있습니다.

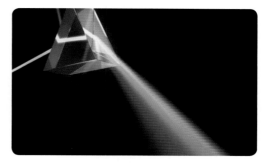

▲ 프리즘을 통과한 빛

▲ 무지개

21 유리나 물, 볼록 렌즈를 통과하는 빛 관찰하기

❖ **탐구 목표** 빛이 유리나 물, 볼록 렌즈를 통과하면서 굴절됨을 관찰할 수 있다.

❖ **준 비 물** 유리구슬, 손전등(백색광), 레이저(3개 이상), 물, 비커, 볼록 렌즈, 마분지(회색, 검은색)

유의점

손전등 혹은 레이저 빛을 이용하여 빛의 굴절 실험을 할 때, 빛이 눈을 향하지 않도록 주의하세요.

👀 탐구 과정

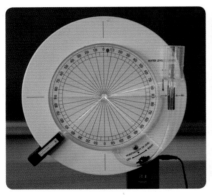

① 반원형 투명 그릇에 물을 담아 두고, 레이저를 아래에서 비추어 진행하는 방향의 변화를 관찰합니다.

② 비커에 물을 담아두고, 백색광을 비추어 통과한 빛의 모양을 관찰합니다.

③ 유리구슬을 회색 혹은 검은색 마분지에 두고, 손전등으로 위에서 비춘 후 구슬을 통과한 빛의 모양을 관찰합니다.

④ 볼록 렌즈를 통과한 빛의 모양을 관찰합니다. 손전등을 사용할 경우, 손전등을 렌즈로부터 멀리 떨어진 지점에 위치하게 하는 것이 좋습니다.

⑤ 검은색 마분지에 너비가 5 mm인 좁은 틈을 일정한 간격(약 3 cm)으로 3개 잘라냅니다. 이틈에 손전등을 비추어 평행한 빛이 통과하게 하고, 빛의 진행 방향을 관찰합니다.

⑥ 과정 ⑤에서 제작한 도구를 이용하여 볼록 렌즈에 평행한 빛이 지나도록 하여, 통과한 빛의 진행 방향을 관찰합니다.

[관찰 결과 예시]

1. 유리, 물, 볼록 렌즈에 빛을 비추면, 각 물질을 통과한 빛은 어떤 방향으로 진행하였는가?

   ⇨ 각 물질(체)를 통과한 빛은 한 지점에 모이도록 꺾여서 진행합니다(굴절됩니다).

2. 관찰 결과를 통해 일정한 방향으로 진행하던 빛을 한 곳에 모으려면 어떤 기구를 이용하거나, 어떤 장치를 이용하면 좋을지 생각해 봅시다.

   ⇨ 물이 볼록하게 둥근 모양에 담겨 있거나 이와 같은 모양의 유리 기구를 빛이 통과할 때, 빛이 한 곳에 모이는 방향으로 꺾여서 진행합니다.

알게 된 점

• 한 물질 속에서 진행하던 빛이 다른 물질을 만나게 되면 거울에서와 같이 빛이 반사되거나 렌즈에서와 같이 진행하는 방향이 꺾여서 진행하는 굴절이 일어납니다.

• 빛이 볼록하게 둥근 모양에 담긴 물 또는 이와 같은 모양의 유리에 진행할 때, 빛은 한 곳에 모이는 방향으로 꺾여서 진행합니다.

🌏 과학의 창 : 물방울 돋보기 만들기

할아버지, 할머니께서는 눈앞에 있는 작은 글씨를 잘 보시지 못하는 경우가 많습니다. 이때 볼록 렌즈로 제작된 돋보기안경을 착용하면 글씨를 잘 볼 수 있습니다. 그런데 물방울과 얇은 유리판(슬라이드 글라스)이 있으면 간단한 돋보기를 제작할 수 있습니다. 슬라이드 글라스에 스포이트로 물 한 방울을 떨어뜨린 후 비교적 글씨가 작은 책 앞에 가져가면, 물방울을 통과한 글자가 그렇지 않은 다른 글자에 비해 크게 보이는 현상을 관찰할 수 있습니다. 이러한 현상은 볼록하게 둥근 모양을 통과한 빛이 한 곳에 모이는 방향으로 꺾이는 원리를 이용한 것으로, 볼록한 모양의 물방울이 돋보기(볼록 렌즈)와 같은 역할을 한 것입니다.

🔍 사이언스 뷰 : 빛의 굴절에 의한 현상

▲ 유리판에 의한 굴절

▲ 프리즘에 의한 굴절

▲ 유리컵에서의 굴절

관찰

❖ 탐구 목표 • 빛이 볼록 렌즈를 지날 때 나타나는 현상을 설명할 수 있다.

  • 볼록 렌즈를 이용하여 간이 사진기 상자를 제작하고 물체의 상을 관찰할 수 있다.

❖ 준 비 물 볼록 렌즈, 가위, 검은색 마분지, 색도화지, 양초, 칼, 셀로판테이프, 기름종이

탐구 과정

① 검은색 마분지를 이용하여 한 변의 길이가 15 cm인 아랫면이 없는 정육면체 종이 박스를 만들고, 색도화지를 이용하여 지름이 7 cm인 원통을 만듭니다.

② 정육면체 종이 박스의 윗면에 지름이 7 cm인 원을 오려냅니다.

③ 아랫면의 빈 부분에는 기름종이를 붙이고, 윗면의 원형 구멍에는 색도화지로 만든 원통을 끼워 넣습니다.

④ 원통의 바깥쪽 면에 볼록 렌즈(지름 7 cm)를 부착하여 고정시킵니다.

⑤ 볼록 렌즈가 촛불을 향하도록 하고, 상자에 부착된 원통을 밀고 당기면서 기름종이에 맺힌 상의 모양과 크기 변화를 관찰합니다.

1. 간이 사진기를 이용하여 촛불을 관찰하고, 나타난 상의 모양을 그려 봅시다.

2. 볼록 렌즈로 구성된 간이 사진기의 상은 물체와 비교하였을 때, 똑바로 서 있습니까? 뒤집어져 있습니까?

　　⇨ 상은 물체와 비교하여 뒤집어져 나타납니다.

알게 된 점

• 1개의 볼록 렌즈를 이용하여 멀리 있는 물체를 관찰할 때, 상은 뒤집어져 있습니다.

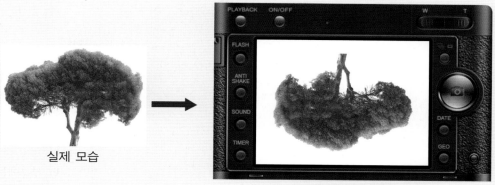

실제 모습　　　　　볼록 렌즈 사진기의 상

• 빛이 볼록 렌즈를 지날 때 굴절되어 한 점에 모인 후 다시 퍼져나가는 과정에서 뒤집어진 상이 나타납니다.

에너지

🌏 **과학의 창**　　굴절 망원경

▲ 볼록 렌즈를 이용하여 망원경 만들기

　　갈릴레이는 1609년 네덜란드의 어느 안경 제작자가 망원경에 관한 특허 신청을 한 소식을 접한 후 설명서를 구하고, 직접 망원경을 제작하여 하늘의 별을 관찰하였습니다. 이후 독일의 천문학자인 케플러는 갈릴레이식 망원경을 보완하기 위해 볼록 렌즈만을 이용하여 망원경을 제작하였습니다. 케플러식 망원경은 갈릴레이식에 비해 상이 안정되어 있고 시야가 넓어 현대의 굴절 망원경은 대부분 케플러식을 사용하고 있습니다.

　　그림과 같이 돋보기가 부착된 큰 원통 속으로 돋보기가 부착된 작은 원통이 움직일 수 있도록 하고, 두 돋보기(볼록 렌즈) 사이의 거리를 조절하며 멀리 있는 물체를 바라봅니다. 그러면 멀리 있는 물체가 거꾸로 뒤집어진 채, 선명한 상이 나타남을 관찰할 수 있습니다.

관찰

❖ **탐구 목표** 전지와 전구, 전선을 연결하여 전구에 불이 켜지는 조건을 찾을 수 있다.

❖ **준 비 물** 건전지 D형(1.5 V), 꼬마전구, 집게 전선, 스위치, 알루미늄 캔, 동전, 연필, 플라스틱 자, 지우개

탐구 과정

(1) 건전지, 전선을 이용하여 전구에 불 켜기

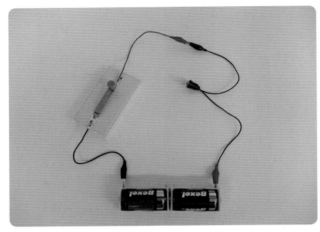

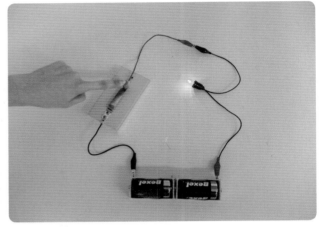

① 건전지를 전지 끼우개에 넣고, (+)극에는 빨간색 집게도선, (−)극에는 검은색 집게도선을 연결하여 스위치와 연결합니다.

② 스위치를 닫은 후 꼬마전구에 불이 켜지는지 관찰합니다.

(2) 여러 가지 방법으로 전구에 불 켜기

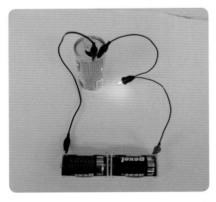

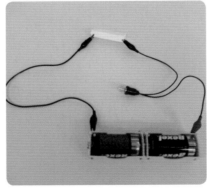

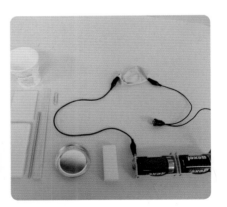

③ 과정 ①에서 스위치 대신에 알루미늄 캔에 전선을 연결하고, 전구에 불이 켜지는지 관찰합니다.

④ 과정 ③ 에서 알루미늄 캔 대신에 지우개, 플라스틱 자, 동전, 연필에 전선을 연결하여 전구에 불이 켜지는지 관찰합니다.

⑤ 과정 ④에서 주변에서 볼 수 있는 여러 물체에 전선을 연결하여 꼬마전구에 불이 켜지는지 관찰합니다.

탐구 결과

1. 과정 ②에서 건전지와 꼬마전구를 전선으로 연결하고 스위치를 닫았을 때, 꼬마전구에 불이 켜집니까?

   ⇨ 꼬마전구에 불이 켜집니다.

2. 과정 ③과 ④에서 스위치 대신에 여러 물체를 이용하여 건전지와 꼬마전구를 전선으로 연결하였을 때, 꼬마전구에 불이 켜지는지 관찰한 결과를 아래 표에 나타내어 봅시다.

	스위치	알루미늄 캔	지우개	플라스틱 자	동전	연필
꼬마전구에 불이 켜집니다.	○	○	×	×	○	×

3. 관찰 결과를 통해 꼬마전구에 불을 켜려면 어떤 특징을 지닌 물체와 연결하면 좋을지 생각해 봅시다.

   ⇨ 전기가 잘 통하는 금속과 연결하면 꼬마전구에 불을 켤 수 있습니다.

알게 된 점

• 건전지를 전기가 흐를 수 있는 금속과 전선으로 연결하면, 꼬마전구에 불을 켤 수 있습니다.
• 금속이 아닌 물체는 전기가 잘 흐르지 않아서 건전지와 전구를 전선으로 연결하여도 꼬마전구에 불이 잘 켜지지 않습니다.

과학의 창

과일 전지 만들기

과일을 이용하여 꼬마 전구에 불을 켤 수 있을까요?

과일(오렌지, 레몬, 바나나 등), 구리판, 아연판, 전선, 꼬마 전구를 이용하면 꼬마 전구에 전지가 없이도 불을 켤 수 있습니다. 과일을 반으로 자른 후 양쪽 과일에 구리판과 아연판을 꽂고, 한쪽 과일의 구리판과 다른 쪽 과일의 아연판을 서로 연결합니다. 그리고 남은 구리판과 아연판은 전선으로 연결하여 각각 꼬마전구의 양쪽 극과 연결하여 전구에 불이 켜지는지 확인합니다. 이를 통해 금속이 아닌 물질도 전기가 흐를 수 있음을 알 수 있습니다.

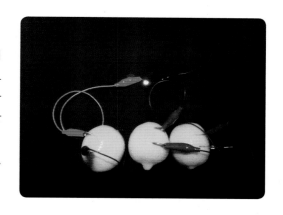

사이언스 뷰

우리나라 최초의 전등은 언제 켜졌을까요?

에디슨 전등회사의 전기 기사인 윌리엄 멕케이가 경복궁 향원정에서 연못에서 물을 얻어 석탄을 연료로 하는 증기 기관 발전기를 제작하였고, 1887년 3월 초순 저녁에 조선 왕조의 경복궁 내 건청궁에서 작은 불빛 하나가 밝혀졌습니다. 이윽고 눈부신 빛이 주위를 밝혔고, 이를 보기 위해 모여든 사람들은 하나 같이 탄성을 자아냈습니다. 우리나라에서 전등이 밝혀진 최초의 사건이었습니다.

관찰

❖ 탐구 목표 ・전구를 직렬로 연결할 때와 병렬로 연결할 때의 밝기를 비교하여 설명할 수 있다.
・일상생활에서 전구를 직렬 또는 병렬로 연결하는 사례를 제시할 수 있다.

❖ 준 비 물 건전지 1.5 V짜리 2개, 전지 끼우개, 스위치, 집게 전선, 꼬마전구 2개

탐구 과정

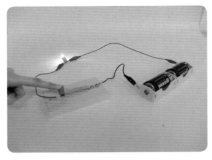

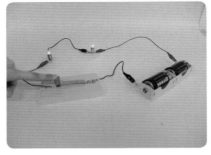

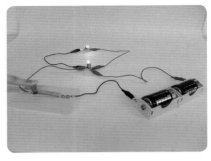

① 1.5 V 전지 2개에 전구 1개를 연결한 후, 스위치를 닫고 전구의 밝기를 관찰합니다.

② 1.5 V 전지 2개에 전구 2개를 직렬로 연결한 후, 스위치를 닫고 전구의 밝기를 관찰합니다.

③ 1.5 V 전지 2개에 전구 2개를 병렬로 연결한 후, 스위치를 닫고 전구의 밝기를 관찰합니다.

탐구 결과

1. 건전지 1개에 전구 1개를 연결할 때와 전구 2개를 직렬로 연결할 때에 각 전구의 밝기를 비교해 봅시다.

   ⇨ 전구 2개를 직렬로 연결할 때 각 전구의 밝기가 더 어두워집니다.

2. 건전지 1개에 전구 1개를 연결할 때와 전구 2개를 병렬로 연결할 때에 각 전구의 밝기를 비교해 봅시다.

   ⇨ 전구 2개를 병렬로 연결하여도 각 전구의 밝기는 큰 변화가 없습니다.

3. 크리스마스트리와 같이 밝기가 비슷한 여러 개의 전구를 설치해야 하는 경우에는 전구를 어떻게 연결하는 것이 좋을까요?

   ⇨ 여러 개의 전구의 밝기가 비슷해야 하므로, 전구를 병렬로 연결합니다.

알게 된 점

• 여러 개의 전구를 직렬로 연결할수록 각 전구의 밝기는 점점 어두워집니다.
• 여러 개의 전구를 병렬로 연결하여도 각 전구의 밝기는 크게 변하지 않습니다.

25 전자석 만들기

관찰

❖ 탐구 목표 • 전자석을 만들고 그 특징을 영구자석과 비교하여 설명할 수 있다.
　　　　　• 일상생활에서 전자석이 사용되는 예를 조사할 수 있다.

❖ 준 비 물 에나멜선, 스위치, 집게 전선, 1.5 V 짜리 건전지 3개(C형 또는 D형), 전지 끼우개, 끝부분애 자성이 없는 一자 드라이버
　　　　　3개, 금속 클립(혹은 침핀), 전기 절연용 테이프, 사포

탐구 과정

① 드라이버의 끝부분을 제외한 나머지 금속 부분에 전기 절연용 테이프를 감습니다.

에나멜선을 감을 때, 에나멜선이 교차하거나 엉키지 않도록 합니다.

② 전기 절연용 테이프가 부착된 부분에 에나멜선을 100회 균일하게 감아 전자석을 만듭니다.

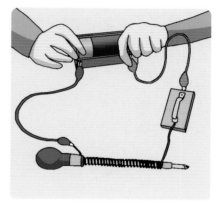

③ 사포를 이용하여 드라이버에 감긴 에나멜선의 끝부분을 문지르고, 집게 전선을 이용하여 건전지(1.5 V), 스위치, 에나멜선을 연결합니다.

④ 스위치를 눌러 에나멜선에 전류를 흐르게 하고, 드라이버의 끝부분을 금속 클립 근처에 가까이 가져갔을 때 드라이버에 부착되는 클립의 수를 관찰합니다.

⑤ 건전지의 개수를 직렬로 2개, 3개씩 늘려가면서 과정 ④를 반복합니다.

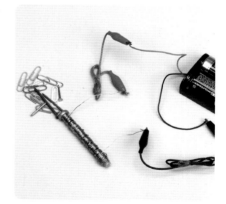

⑥ 에나멜선을 200회, 300회씩 균일하게 감은 후 과정 ③~④를 반복합니다.

1. 전자석은 스위치를 닫았을 때와 열었을 때에 어떤 변화가 나타납니까?

   ⇨ 전자석에 스위치를 닫아서 전류가 흐를 때에만 금속 클립이 달라붙습니다.

2. 건전지의 개수에 따라 달라붙는 클립의 수를 기록해 봅시다.

건전지의 개수	1개	2개	3개
달라붙는 클립의 개수(예시)	2개	4개	7개

3. 드라이버에 감긴 에나멜선의 횟수에 따라 달라붙는 클립의 수를 기록해 봅시다.

에나멜선의 감은 수	100회	200회	300회
달라붙는 클립의 개수(예시)	2개	3개	4개

4. 드라이버에 달라붙는 클립의 수를 늘리는 방법에 대하여 생각해 봅시다.

   ⇨ 건전지의 개수가 많을수록, 에나멜선의 감은 수가 많을수록 드라이버에 달라붙는 클립의 수는 많아집니다.

알게 된 점

• 전자석은 에나멜선에 전류가 흐를 때에만 자성을 띕니다.
• 전자석은 에나멜선에 흐르는 전류의 세기가 증가할수록 자성의 세기가 커집니다.
• 전자석은 에나멜선의 감은 수가 증가할수록 자성의 세기가 커집니다.

과학의 창　전자석의 활용

　쇠못과 같은 기둥에 코일(에나멜선)을 여러 번 감은 후, 코일의 양쪽 끝에 스위치와 건전지를 연결하여 전류를 흘려 주면 자석의 성질을 띠는 전자석을 만들 수 있습니다. 전자석의 세기는 코일을 감은 수와 전류의 세기에 따라 달라지는데, 전자석 기중기는 이 원리를 이용하여 자동차 또는 철로 만들어진 무거운 제품을 들 수 있습니다. 또 코일에 흐르는 전류의 방향을 바꾸면 전자석의 극도 바뀌게 되는데, 자기 부상 열차는 철도(레일)의 각 부분의 극을 바꾸어 가며 열차를 공중에 떠오르게 하면서 동시에 앞으로 주행할 수 있습니다. 자기 부상 열차는 철도(레일)와의 마찰이 거의 없으므로 매우 빠른 속도로 주행할 수 있고, 소음과 진동이 작아 편안하게 주행할 수 있습니다.

▲ 전자석 기중기

▲ 자기 부상 열차

물질

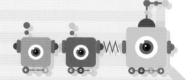

❖ 탐구 목표 우리 주위에 있는 여러 가지 물체가 어떤 재료로 만들어졌는지 조사·분류할 수 있다.

❖ 준 비 물 주위에서 볼 수 있는 여러 가지 물체

유의점

· 여러 가지 물체를 주위에서 찾습니다.
· 물체를 분류하는 기준을 정합니다.

탐구 과정

① 물체를 이루고 있는 재료를 조사하기 위해 이와 같은 물체를 어떤 방법으로 모으는 것이 효과적인지 모둠별로 토의하여 봅시다.

② 다음은 한 모둠원이 준비한 물체입니다.

③ 다음은 한 모둠원이 물체를 재료별로 모은 자료입니다.

(가)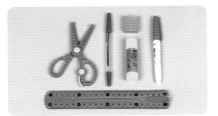

(마)

(나)

(바)

(다)

(사)

(라)

(아)

④ 물체 (가), (나), (다), (라)는 모둠원이 어떤 기준으로 물체를 모은 것인지 알아봅시다.

⑤ 물질과 물체가 다른 점은 무엇인지 설명하여 봅시다.

⑥ (마), (바), (사), (아)의 물체를 이루고 있는 물질은 각각 무엇인지 알아봅시다.

⑦ 부엌에서 사용하는 물체를 이루고 있는 물질 중 철이 아닌 것을 조사하여 봅시다.

⑧ 주위의 물체 중에서 철, 구리, 유리, 알루미늄으로 만든 것을 찾아봅시다.

⑨ 주위의 물체 중에서 금속 대신 플라스틱으로 바꾸어 만든 것을 조사하여 봅시다.

탐구 결과

1. (가)~(라)와 같이 물체를 쓰임별로 효과적으로 모은 물질은 각각 무엇일까요?

⇨ (가) 학용품 (나) 화폐 (다) 주방용품 (라) 실험 도구

2. 물질과 물체의 다른 점은 무엇일까요?

⇨ • 물질 : 물체를 이루고 있는 한 가지 재료로, 빈 장소를 차지하고 사람의 감각으로 그 존재를 확인할 수 있습니다.
　• 물체 : 물질이 모여 모양을 이루고, 한 장소를 차지하여 존재하는 것입니다.

3. (마)~(아)와 같이 물체를 이루고 있는 물질은 각각 무엇일까요?

⇨ (마) 철 (바) 구리 (사) 플라스틱 (아) 고무

4. 부엌의 물체 중 재료가 아닌 것은 무엇일까요?

⇨ 유리컵, 도자기 그릇, 플라스틱 수저, 나무 젓가락, 플라스틱 컵입니다.

5. 물체를 이루고 있는 재료는 다음과 같습니다.

▲ 철로 만든 물체

▲ 구리로 만든 물체

▲ 유리로 만든 물체

▲ 알루미늄으로 만든 물체

6. 금속이 플라스틱으로 바뀐 물체에는 어떤 것이 있을까요?

⇨ 그릇, 숟가락, 젓가락, 컵, 바가지 등이 있습니다.

알게 된 점

1. 재료가 철인 물체 : 숟가락, 칼, 가위, 그릇, 컵, 국자, 프라이팬, 못, 철사, 톱
2. 재료가 구리인 물체 : 주전자, 냄비, 구리 석쇠, 구리줄, 동전
3. 재료가 알루미늄인 물체 : 알루미늄박, 포크, 냄비, 맥주 캔, 음료 캔
4. 재료가 플라스틱인 물체 : 플라스틱 컵, 숟가락, 젓가락, 휴지통, 필통

🌐 과학의 창 물체를 이루는 재료

우리 주변에 있는 물체를 이루고 있는 여러 가지 재료를 다음 표에 기록합니다.

물질	철	구리	알루미늄	플라스틱	유리
물체	가위, 프라이팬, 솥, 호미, 바늘, 숟가락	주전자, 컵, 석쇠, 전선, 구리, 장식품	알루미늄박, 주전자, 냄비, 알루미늄 컵	젓가락, 컵, 바가지, 휴지통, 사인펜	창문, 유리컵, 접시, 주사기, 전구

❖ **탐구 목표** 서로 다른 물질로 만들어진 물체를 비교하여 물체의 기능과 물질의 성질을 관계 지을 수 있다.

❖ **준 비 물** 나무젓가락, 쇠못, 구리줄, 고무줄, 풍선, 플라스틱 볼펜, 숟가락, 펜치, 양초, 점화 장치

유의점
• 촛불을 사용할 때에는 주위에 불에 탈 수 있는 물체가 있는지 확인합니다.
• 풍선을 불 때에는 목구멍으로 넘어가 지 않도록 주의합니다.

탐구 과정

① 나무젓가락, 쇠못, 구리줄, 플라스틱 볼펜, 고무줄의 성질을 비교하여 봅시다.
  (1) 각 물체의 촉감은 어떤가요?
  (2) 각 물체의 색깔은 어떤가요?
  (3) 각 물체를 구부려 봅시다.
  (4) 각 물체를 잡아당겨 늘어나는지 관찰하여 봅시다.

각각의 물질이 가지는 성질은 다르므로 우리 생활에 편리한 물체를 만들어 쓸 수 있습니다.

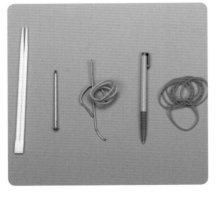
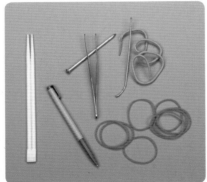
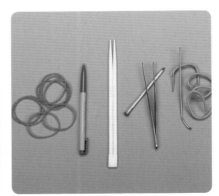

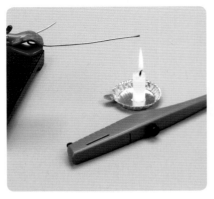

② 나무젓가락, 쇠못, 구리줄의 끝을 함께 잡고 촛불에 2분 정도 대어 관찰하여 봅시다.

③ 철과 플라스틱으로 만든 숟가락의 장점과 단점을 비교하여 봅시다.

④ 풍선을 고무로 만든 이유를 설명하여 봅시다.

⑤ 구리, 나무, 철, 고무, 플라스틱, 알루미늄과 같은 물질의 성질을 알아보고 그 성질을 이용한 물체의 예를 적어 봅시다.

1. 나무젓가락, 쇠못, 구리줄, 플라스틱 볼펜, 고무줄의 성질을 비교하여 다음 표에 기록합니다.

구분	나무젓가락	쇠못	구리줄	플라스틱	고무줄
촉감	거칠고 딱딱합니다.	매끄럽고 딱딱합니다.	매끄럽고 딱딱합니다.	부드럽고 딱딱합니다.	부드럽고 연합니다.
색깔	엷은 갈색	은색	붉은색	노란색, 흰색, 검정색, 빨강색, 황갈색	
구부리기	×	×	○	○	○
늘어나기	×	×	×	×	○

2. 촛불에 물체를 2분 정도 댈 때 나무젓가락, 쇠못, 구리줄의 성질을 비교하여 다음 표에 기록합니다.

구분	나무젓가락	쇠못	구리줄
타는 정도	탑니다.	타지 않습니다.	타지 않습니다.
뜨거운 정도	뜨겁지 않습니다.	조금 뜨겁습니다.	뜨거워집니다.

3. 철과 플라스틱으로 만든 숟가락의 장단점을 비교하여 다음 표에 기록합니다.

구분	장점	단점
철	일정한 모양을 유지합니다.	녹이 습니다. 물체를 만들 때 열 손실이 큽니다.
플라스틱	녹이 슬지 않습니다. 적은 양의 열로 여러 가지 모양을 만듭니다.	모양이 변합니다. 썩지 않아 피해를 줍니다.

4. 풍선은 공기를 불어 넣어 부풀게 해야 하므로 잘 늘어나고 공기가 새지 않는 물질로 만들어야 합니다.

5. 구리, 나무, 철, 고무, 플라스틱, 알루미늄의 성질과 그 성질을 이용한 물체의 예를 다음 표에 기록합니다.

구분	성질	물체의 예
구리	• 연하여 길게 또는 납작하게 만들 수 있습니다. • 열과 전기를 잘 흐르게 합니다.	구리줄, 구리판 전기줄, 난방용 구리관
나무	• 일정한 모양을 유지합니다. • 쇠톱으로 쉽게 자를 수 있습니다.	나무 상자, 각종 가구 나무 장식품, 도구의 손잡이
철	• 녹은 쇳물은 식히면 고체 쇠가 됩니다. • 가열하여 선이나 판으로 만듭니다.	쇠솥, 농기구 철사, 못, 건축 재료
고무	• 물에 녹지 않고, 물에 뜹니다. • 쉽게 늘어났다가 본래 모양으로 되돌아갑니다.	고무 보트, 구명 조끼 고무풍선, 고무줄
플라스틱	• 열을 가하면 녹았다가 식으면 굳어집니다. • 물에 뜨며 녹슬지 않습니다.	장난감, 화장품 병, 물병 배, 주방용품
알루미늄	• 가볍고 얇게 펼 수 있으며, 녹슬지 않습니다. • 열이 잘 전달됩니다.	알루미늄 박, 맥주와 음료 캔

알게 된 점

• 물질의 성질을 알면 그 성질을 이용하여 우리 생활에 필요한 물체를 만들어 편리하게 사용할 수 있습니다.

물질

❖ **탐구 목표** 서로 다른 물질을 섞을 때 물질의 성질이 변함을 관찰할 수 있다.

❖ **준 비 물** 알코올램프, 시험관 2개, 시계 접시, 더운물, 도가니, 삼발이, 삼각대, 발효관, 컵, 막대자석, 향, 점화 장치, 제빵 소다(탄산수소 나트륨), 밀가루, 식초, 이스트, 설탕, 황가루, 철가루, 발포 비타민, 소금, 물, 에탄올, 전자저울, 눈금실린더, 스포이트

유의점
• 향불은 사용 후 남은 불꽃을 꼭 끄도록 합니다.
• 황과 철가루를 가열할 때에는 환기를 잘 하도록 합니다.

탐구 과정

① 2개의 시계 접시에 제빵 소다와 밀가루를 넣고 더운물 10방울을 가해 관찰하여 봅시다.

② 위의 제빵 소다와 밀가루에 식초 5방울을 가하고 불꽃이 있는 향불을 각각 대어 봅시다.

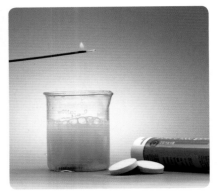

③ 발포 비타민을 컵 속의 물에 넣고 향불을 대어 봅시다.

④ 2개의 시험관에 각각 같은 양의 소금을 넣고 에탄올과 물을 각각 15 mL씩 넣어 흔든 후 관찰하여 봅시다.

⑤ 물 50 mL에 이스트 10 g을 녹인 효모액에 설탕액 20 mL를 넣은 액의 일부를 플라스틱 병이나 발효관에 넣고 관찰하여 봅시다.

⑥ 철가루와 황가루를 섞고 자석을 대어 봅시다. 또, 철가루와 황가루를 도가니에 넣어 가열한 후 생긴 물질에 자석을 대어 봅시다.

1. 제빵 소다와 밀가루가 물에 녹으면 어떻게 될까요?

　⇨ 새로운 물질이 생기지 않습니다.

2. 제빵 소다에 식초를 넣으면 어떻게 될까요?

　⇨ 거품이 생깁니다. 그 이유는 제빵 소다와 식초가 반응하여 이산화 탄소가 생겼기 때문입니다. 그리고 향불을 대면 불이 꺼집니다. 밀가루는 식초와 반응하지 않습니다.

3. 발포 비타민을 물에 넣으면 어떻게 될까요?

　⇨ 물과 반응하여 이산화 탄소가 생기므로 향불이 꺼집니다.

4. 물에 소금과 에탄올을 넣으면 어떻게 될까요?

　⇨ 소금은 물에 잘 녹으나 에탄올에는 잘 녹지 않습니다.

5. 효모액에 설탕물을 가하여 플라스틱 병이나 발효관에 넣고 관찰하면 어떻게 될까요?

　⇨ 기체가 생기며 BTB 용액을 가하면 노란색으로 변합니다. 이때 생긴 기체는 이산화 탄소입니다.

6. 철가루와 황가루를 섞으면 어떻게 될까요?

　⇨ 반응이 일어나지 않습니다. 황의 노란색이 남으며 철가루가 자석에 끌립니다. 가열하면 반응하여 새로운 물질인 자석에 끌리지 않는 검은색의 황화 철이 생깁니다. 황화 철은 자석에 끌리지 않습니다.

  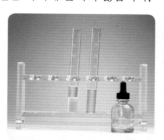 

알게 된 점

1. 제빵 소다는 식초와 반응하여 새로운 물질인 이산화 탄소가 생깁니다.
2. 발포 비타민에 물을 가하면 반응이 일어나 새로운 물질인 이산화 탄소가 생깁니다.
3. 소금은 물에 잘 녹으나 알코올에는 잘 녹지 않습니다.
4. 철가루와 황가루를 섞고 가열하면 새로운 물질인 황화 철이 생깁니다.

🌏 과학의 창　　발포 비타민

　오랫동안 항해를 하는 선원들의 몸의 여러 곳에 출혈과 빈혈이 생기는 괴혈병이나 다리가 붓고 마비가 되는 각기병에 걸려 고생할 때 레몬이나 오렌지를 먹으면 낫는다는 사실이 100년 전부터 알려져 있었습니다.

　1890년대 네덜란드의 에이크만은 닭에게 흰쌀만 먹였을 때 각기병과 비슷한 증상을 관찰했으며, 1921년 폴란드의 풍크는 쌀겨로부터 각기병을 치료할 수 있는 유효한 성분을 결정으로 분리하여 이 유효한 성분이 맥주의 효모 중에도 포함되어 있는 것을 발견하여 생명에 필요한 물질이라는 뜻에서 비타민이라고 하였습니다.

　1915년경부터 미국의 맥컬럼은 버터와 간유에서 비타민 A, 쌀겨에서 비타민 B를 분리해 내었으며, 1918년에는 괴혈병에 유효한 성분도 분리하였습니다. 1932년 미국의 헷스와 웅거는 에탄올에 오렌지를 담가 괴혈병에 유효한 성분인 비타민 C를 분리하였습니다. 발포 비타민 C는 시트르산과 탄산수소 나트륨이 포함되어 있어 물에 넣으면 이산화 탄소를 포함한 거품이 발생합니다.

❖ 탐구 목표 우리 주위의 물체와 물질의 모양과 부피 변화를 관찰하여 고체, 액체, 기체로 분류할 수 있다.

❖ 준 비 물 숟가락, 그릇, 눈금 실린더, 비커, 삼각 플라스크, 물, 알코올램프, 삼발이, 쇠그물, 스포이트, 아세톤, 간이 소화기, 온도계, 시험관, 볼트, 너트, 비닐주머니, 광고용 전단

유의점
• 아세톤의 증기는 인체에 해로우므로 흡입하지 않도록 주의합니다.
• 시험관의 물을 가열했을 때에는 뜨거우므로 식힌 후 옮깁니다.

우리 주위의 물질이나 물체는 고체, 액체, 기체의 세 가지 상태로 존재합니다.

탐구 과정

① 물이 들어 있는 그릇에 숟가락을 넣고 숟가락의 모양과 부피가 변하는지 관찰하여 봅시다.

② 색깔이 있는 액체 100 mL를 비커, 삼각 플라스크, 눈금 실린더에 각각 넣고 모양을 비교하여 봅시다.

③ 투명한 비닐주머니에 아세톤 5~6방울을 넣고 봉한 후 60 ℃ 정도의 물을 붓고 일어나는 변화를 관찰하여 봅시다.

④ 물이 들어 있는 시험관에 볼트와 너트를 넣고 서서히 가열하면서 일어나는 변화를 관찰하여 봅시다.

⑤ 소화기의 누름단추를 누르면 어떻게 될지 예상해 보고 소화기 표면에 모양과 부피가 변하는 물질은 무엇인지 조사한 후 발표하여 봅시다.

⑥ 화산 분출물을 고체, 액체, 기체로 분류하여 봅시다.

⑦ 물질과 물체에 대한 3가지 기준을 세운 후 우리 주위에서 이 기준에 해당되는 물질 또는 물체를 분류하여 봅시다.

[기준]
(1) 일정한 모양과 부피를 가진 물질이나 물체
(2) 부피는 일정하나 담는 그릇에 따라 모양이 바뀌는 물질
(3) 모양과 부피가 일정하지 못하고 사방으로 퍼질 수 있는 물질

⑧ 기준 (1)과 같은 용기에 달걀을 넣어 운반할 때 어떤 점이 유익한지 토의하여 봅시다.

⑨ 자전거를 타고 달릴 때 기준 (1)~(3)에 해당되는 물질과 물체를 분류하여 봅시다.

1. 숟가락을 물이 들어 있는 그릇에 넣으면 어떻게 될까요?

   ⇨ 숟가락의 모양과 부피는 변하지 않습니다.

2. 같은 양인 100 mL의 색이 있는 물을 비커, 눈금 실린더, 삼각 플라스크에 넣으면 어떻게 될까요?

   ⇨ 부피는 일정하지만 각각 다른 모양으로 변합니다. 같은 탄산수를 여러 가지 모양의 그릇에 담을 수 있습니다.

3. 투명한 비닐주머니에 아세톤을 넣고 60 ℃ 정도의 물을 부으면 어떻게 될까요?

   ⇨ 투명한 비닐주머니가 부풀어오르며, 아세톤의 모양과 부피가 바뀝니다.

4. 시험관에 볼트와 너트를 넣고 가열하면 어떻게 될까요?

   ⇨ 볼트와 너트는 모양과 부피가 변하지 않고, 물은 위와 아래로 이동하면서 모양이 변하며, 물에서 작은 공기 방울이 올라오면서 커집니다.

5. 간이 소화기의 누름단추를 누르면 어떻게 될까요?

   ⇨ 소화기 통 속에 부피를 줄여서 압축한 물질의 압축한 힘이 줄면서 밖으로 뿜어 나오는데, 이때 불을 끄는 물질도 함께 나오므로 불을 끌 수 있습니다.

6. 화산 분출물을 고체, 액체 및 기체로 분류하면 각각 무엇일까요?

   ⇨ 고체는 화산재, 액체는 용암, 기체는 화산 가스입니다.

7. 물질과 물체를 분류하여 다음 표에 기록합니다.

구분	기준 (1)	기준 (2)	기준 (3)
물질	철, 구리, 알루미늄, 플라스틱	물, 에탄올, 기름	질소, 이산화 탄소
물체	캔, 주전자, 알루미늄박, 그릇	포도주, 식용유	과자 봉지, 탄산 음료

8. 기준 (1)과 같은 용기에 달걀을 넣어 운반하면 어떻게 될까요?

   ⇨ 용기가 일정한 부피와 모양을 유지하므로 날달걀이 깨어지지 않습니다.

9. 기준 (1), (2), (3)에 해당하는 물질과 물체을 다음 표에 기록합니다.

구분	기준 (1)	기준 (2)	기준 (3)
물질과 물체	자전거 뼈대 → 철, 알루미늄, 플라스틱, 고무	자전거 체인 → 윤활유	자전거 타이어 → 공기

알게 된 점

1. 일정한 모양과 크기를 이루고 있습니다. ➡ 고체
2. 담는 그릇에 따라 다른 모양을 이루지만 부피는 일정합니다. ➡ 액체
3. 일정한 부피나 모양을 이루지 못하고 사방으로 퍼집니다. ➡ 기체

🌐 과학의 창

물질의 세 가지 상태

구분	고체	액체	기체
부피	일정합니다.	일정합니다.	일정하지 않습니다.
모양	일정합니다.	담는 그릇에 따라 모양이 변합니다.	어떤 그릇도 가득 채울 수 있습니다.
압축성	압축되지 않습니다.	압축되지 않습니다.	쉽게 압축됩니다.

❖ 탐구 목표 공기가 공간을 차지하고 무게가 있음을 알아보는 실험을 할 수 있다.

❖ 준 비 물 가위, 큰 페트병, 작은 컵, 플라스틱 자, 연필, 고무풍선, 투명 테이프, 달걀, 물, 자, 큰 그릇, 전자저울, 비커, 뜨거운 물, 가위, 종이, 병 뚜껑, 비닐주머니, 빨대, 고무 지우개, 종이 집게, 이불 압축팩

탐구 과정

① 큰 페트병을 반으로 자른 다음 물을 채워 봅시다.

> 공기는 눈에 보이지 않지만 바람이 불어 나뭇잎이 흔들리거나 우리가 호흡을 할 때 주위에 공기가 있다는 것을 느낄 수 있습니다.

② 플라스틱 병 뚜껑에 기둥 모양으로 만든 작은 종이를 세워 봅시다.

③ 큰 페트병의 물 위에 병 뚜껑을 올려놓고, 작은 컵을 뒤집어 병 뚜껑 위에 세우고 살짝 눌러보고 관찰한 사실에 대해 토의하여 봅시다.

④ 비커에 달걀을 넣고 뜨거운 물을 부어 일어나는 변화를 관찰하여 봅시다.

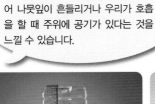

⑤ 투명한 병 표면에 자를 붙이고 물을 반 정도 채운 다음 물이 들어 있는 그릇에 거꾸로 세운 후 일어나는 변화에 대해 관찰하여 봅시다.

⑥ 전자저울로 빈 비닐주머니의 무게를 재어 봅시다.

⑦ 비닐주머니에 빨대로 공기를 불어 넣고 입구를 잠근 후 무게를 재어 봅시다.

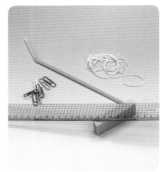

⑧ 고무 지우개, 자, 비닐주머니, 빨대, 종이 집게를 사용하여 공기의 무게를 재는 실험을 설계하고 공기의 무게를 측정하여 봅시다.

⑨ 이불 압축팩의 사용 방법을 설명하여 봅시다.

탐구 결과

1. **페트병에 물을 채워 물 위에 기둥 모양 종이를 세우고 작은 컵을 뒤집어 병 뚜껑 위를 누르면 어떻게 될까요?**

   ⇨ 물은 작은 컵 안쪽으로 이동하지 않고, 병 뚜껑 속에 넣은 종이 기둥도 물에 젖지 않으며, 이 사실로 보아 작은 컵 안에 공기가 공간을 차지하고 있다는 것을 알 수 있습니다.

2. **달걀에 뜨거운 물을 부으면 어떻게 될까요?**

   ⇨ 달걀껍질을 통해 작은 기포가 계속 나오는 것을 관찰할 수 있는데, 이것은 달걀 속에 공기가 공간을 차지하고 있다가 나온 것임을 알 수 있습니다.

3. **투명한 병 표면에 자를 붙이고 물을 반 정도 채운 다음 물이 들어 있는 그릇에 거꾸로 세우면 어떻게 될까요?**

   ⇨ 플라스틱 병 속의 물의 높이가 변화하는 것을 관찰할 수 있는데, 이것은 무게가 있는 공기의 누르는 힘이 다르게 나타나기 때문입니다. 이 장치는 양계장에서 닭에게 물을 먹게 할 때 이용합니다.

4. **빈 비닐주머니와 공기가 들어간 비닐주머니의 무게를 재면 어떻게 될까요?**

   ⇨ 빈 비닐주머니의 무게 6.69 g < 공기가 들어간 비닐주머니의 무게 6.83 g

5. **고무마개 받침대, 고무 지우개를 받침점, 종이 집게로 비닐주머니와 수평을 맞춘 후 공기를 채운 비닐주머니의 무게와 비교해 보면 어떻게 될까요?**

   ⇨ 자는 공기가 들어 있는 쪽으로 기울어집니다.

6. **이불 압축팩의 사용 방법은 무엇일까요?**

   ⇨ 건조시킨 이불을 압축팩에 넣고 지퍼를 닫은 후 청소기의 노즐로 공기를 뺀 다음 밸브를 누르면 됩니다.

알게 된 점

1. 공기는 눈에 보이지 않지만 우리 주위에 존재하고 있다. 공기를 이용하여 더운 여름철에 선풍기의 시원한 바람을 이용할 수 있으며, 공해가 없는 풍력 발전으로 전기 에너지를 얻을 수 있습니다.
2. 공기는 공간을 차지하고 있다. 고무풍선에 공기를 불어 넣어 생일 파티나 상품 선전용 장식을 할 수 있습니다.
3. 공기는 무게가 있다. 공기를 채운 고무풍선이 빈 고무풍선보다 더 무겁다. 공기가 누르는 힘을 가지는 것은 공기가 무게가 있기 때문입니다.
4. 달걀에 뜨거운 물을 부을 때 나오는 기포는 공기입니다.
5. 이불 압축팩은 공기를 제거하여 부피를 줄인 후 보관하는 제품입니다.

> 기압계
> 공기의 누르는 힘을 재는 장치

🌏 과학의 창 공기의 무게

이탈리아의 베르티는 당시의 펌프가 물을 10 m 이상 끌어올리지 못하는 이유를 밝히기 위해 긴 관에 물을 넣고 실험을 하였는데, 그 소식을 듣고 토리첼리는 물보다 13.6배 무거운 수은을 사용하여 공기의 무게가 수은을 눌러 76 cm(물기둥 10 m) 높이를 유지한다는 사실을 발견하고 수은 기압계를 발명하였습니다.

한편, 독일의 마르데부르그 시장이었던 게리케는 구리로 만든 지름이 35 cm인 반구 2개를 붙인 후 배기 펌프로 공기를 빼어낸 마르데부르그 반구라고 하는 장치를 만들어 진공에 관한 실험을 하였습니다. 이 반구에 공기가 누르는 힘(4.5톤)이 너무나 강하게 작용하여 양쪽에서 각각 말 8마리가 잡아끌어도 떨어지지 않았습니다. 이 실험으로 공기는 무게가 있으며, 공기의 누르는 힘이 압력이라는 것이 알려져 독일 페르디난드 황제는 게리케에게 후한 상을 주었습니다.

❖ **탐구 목표** 고체 혼합물을 분리하는 방법을 고안하고, 이를 이용하여 고체 혼합물을 분리할 수 있다.

❖ **준 비 물** 막대자석, 여러 가지 쇠붙이(쇠못, 압정, 서류 집게, 강철 솜 등), 소금, 후춧가루, 콩, 좁쌀, 플라스틱 숟가락, 털가죽, 플라스틱 컵, 송곳, 알코올램프, 점화 장치

유의점
• 알코올램프를 다룰 때에는 화상을 입지 않도록 주의합니다.
• 주변의 쇠붙이를 모을 때에는 크기가 작은 것을 고릅니다.

탐구 과정

① 후추가 섞여 있는 소금에 털로 문지른 플라스틱 숟가락을 가까이 대어 봅시다.

② 불에 달군 송곳으로 플라스틱 컵에 작은 구멍을 많이 뚫어 봅시다.

③ 좁쌀과 콩이 섞인 고체 혼합물을 구멍이 뚫린 플라스틱으로 걸러 봅시다.

> 철, 니켈, 크로뮴과 같은 금속은 자석에 붙으므로 다른 금속과 분리할 수 있습니다.

④ 주변의 금속 종류를 모아 자석에 붙는 것과 붙지 않은 것으로 예상하여 분리하여 봅시다.

⑤ 주변에서 모은 쇠붙이에 자석을 대어 자석에 붙는 것과 붙지 않는 것으로 분리하여 봅시다.

1. 후추가 섞인 소금에 털로 문지른 플라스틱 숟가락을 대면 어떻게 될까요?

⇨ 숟가락에 후춧가루가 붙습니다.

2. 플라스틱 컵 밑을 송곳으로 구멍을 뚫은 후 컵 속에 좁쌀을 넣으면 어떻게 될까요?

⇨ 작은 구멍으로 좁쌀이 빠져 나갑니다.

3. 주변의 금속을 자석에 붙는 것과 붙지 않는 것으로 분류하여 봅시다.

⇨ 쇠못, 압정, 서류 집게, 강철 솜 등이 막대자석에 붙습니다.

4. 주변의 쇠붙이를 자석에 붙는 것과 붙지 않는 것으로 분류하여 봅시다.

⇨ 구리, 동전, 주석, 알루미늄박, 금메달은 자석에 붙지 않습니다.

알게 된 점

1. 털에 문지른 플라스틱 숟가락에 후춧가루가 붙어 분리되는 것은 숟가락에 생긴 전기적 성질 때문입니다.
2. 콩이 좁쌀보다 알갱이가 크기 때문에 플라스틱 컵의 구멍을 통과하지 못하므로 분리됩니다. 가정에서는 고체 물질을 분리하는 데 작은 구멍이 있는 체를 사용합니다.
3. 자석에 붙는 금속에는 쇠못·압정·서류 집게·강철 솜 등의 철 성분이 들어 있는 물체, 니켈, 크로뮴 등이 있습니다.
4. 자석에 붙지 않는 금속에는 구리, 동전, 주석, 알루미늄박, 금메달, 은수저 등이 있습니다.

🌐 과학의 창

금속 폐품 처리장

가정에서 나오는 고체 혼합물인 폐기물은 폐기물 처리장으로 보냅니다. 폐기물 처리장에서는 전자석을 사용하여 철로 이루어진 물체를 분리하고, 종이는 선풍기 바람으로 분리합니다. 유리병은 컨베이어 벨트에 설치된 체인 아래로 떨어뜨리고, 색깔별로 분리하여 재사용합니다. 알루미늄과 플라스틱은 컨베이어에서 분리되어 따로 모읍니다.

❖ **탐구 목표** 소금물과 콩기름이 혼합되어 있는 액체 혼합물에서 콩기름과 소금을 분리할 수 있다.

❖ **준 비 물** 콩기름, 소금물, 요구르트 병 2개, 스포이트, 플라스틱 컵, 비커

유의점
• 가열할 때에는 주변에 탈 수 있는 물질이 없도록 합니다.
• 가열된 도가니를 옮길 때에는 도가니 집게를 사용합니다.

각 특성을 유지한 채 섞여 있는 혼합물은 구성 물질의 성질을 알면 각 물질로 분리할 수 있습니다.

탐구 과정 1

[스포이트로 분리하기]

① 요구르트 병에 콩기름과 진한 소금물을 각각 넣은 후 비커에 섞어 봅시다.

② 비커 속의 혼합물을 5분 정도 가만히 세워 둡시다.

③ 스포이트로 위층의 콩기름을 플라스틱 컵으로 옮겨 봅시다.

과학의 창 순물질과 혼합물

우리 주변에 있는 물질은 순물질과 혼합물입니다. 우유처럼 혼합물이 있는 그대로 활용되기도 하지만, 다른 맛과 용도로 사용하기 위해 우유에서 단백질인 치즈를 분리하여 이용합니다. 혼합물에서 각 성분을 분리하는 데 분리 도구를 사용하거나 거르는 방법이 이용됩니다.

[순물질과 혼합물의 구분]

구분	순물질		혼합물	
	원소	화합물	균일 혼합물	불균일 혼합물
정의	한 종류의 원소로만 이루어진 물질	두 가지 이상의 원소가 모여 이루어진 순물질	성분 물질이 균일하게 혼합된 혼합물	성분 물질이 불균일하게 혼합된 혼합물
예	산소, 금	물, 이산화 탄소	공기, 설탕물	흙탕물, 우유

[간이 깔때기와 도가니를 이용하여 분리하기]

❖ 준 비 물 알코올램프, 버너, 도가니, 도가니 집게, 빨대, 깔때기대, 삼각 석쇠, 삼발이, 숟가락, 니크롬선, 플라스틱 병, 집게, 요쿠르트병, 콩기름, 소금물, 푸른색 염화 코발트 종이

① 플라스틱 음료수 병 뚜껑에 빨대를 끼워 봅시다.

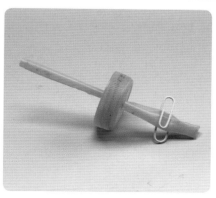

② 빨대를 집게로 조여 봅시다.

③ 콩기름과 진한 소금물을 요쿠르트 병에 각각 2/3 정도 넣어 봅시다.

④ 콩기름과 소금물을 플라스틱 병에 넣고 뚜껑을 닫은 후 세게 흔들어 섞고 가만히 세워 둡시다.

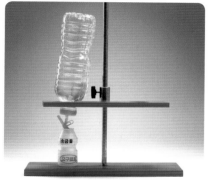

⑤ 플라스틱 병을 거꾸로 깔때기대에 세우고 집게를 열어 아래층과 위층을 분리한 후 각각의 요쿠르트 병에 모아 봅시다.

⑥ 분리한 아래층 물질을 도가니에 넣고 센 불로 가열하여 봅시다.

⑦ 가열되는 도가니에서 조금 떨어진 윗부분에 숟가락의 안쪽을 댄 후 식혀 봅시다.

⑧ 식힌 숟가락 안쪽에 생긴 투명한 액체에 푸른색 염화코발트 종이를 대어 관찰하여 봅시다.

⑨ 가열 후 도가니 안쪽의 흰색 결정을 니크롬선에 묻혀 버너의 푸른색 불꽃에 대어 색깔을 관찰하여 봅시다.

[탐구 과정 1]

* 콩기름과 소금물이 섞이면 어떻게 될까요?

⇨ 섞이지 않는 액체 혼합물이 위층(콩기름)과 아래층(소금물)으로 분리됩니다.

[탐구 과정 2]

1. 소금물이 증발할 때 생긴 무색의 액체는 어떤 물질일까요?

⇨ 푸른색 염화 코발트 종이가 빨간색으로 변하기 때문에 물입니다.

2. 도가니 안쪽에 생긴 흰색 결정을 니크롬선에 묻혀 버너의 불꽃에 대어 색깔을 관찰하여 봅시다.

⇨ 니크롬선에 묻힌 흰색 결정의 불꽃색이 노란색이므로 흰색 결정인 소금의 한 성분인 나트륨이 들어 있습니다.

알게 된 점

1. 섞이지 않는 두 액체 혼합물은 스포이트나 간이 깔때기로 분리할 수 있습니다.
2. 소금물을 증발시키면 소금 결정을 분리하여 얻을 수 있습니다.
3. 물은 염화 코발트 종이로, 소금은 불꽃색으로 성분을 확인할 수 있습니다.

> **반투막**
> 물 분자(용매)는 통과시키고 설탕(용질)과 같은 입자는 통과시키지 않는 막(동물의 방광막, 황산지, 달걀 속껍질, 셀로판지 등이 있습니다.)

🌐 과학의 창 가정용 정수 장치

1999년 제네바에서 열린 물 부족 대책 국제회의에서는 다가올 2050년에 물 부족을 겪는 인구가 10~24억이 될 것이라고 경고한 바 있습니다. 따라서 인간이 사용할 물을 확보하기 위한 한 방법으로 해수의 담수화 기술이 사용되고 있으며, 이러한 장치를 한국은 해외에 수출하고 있습니다. 이 기술은 해수를 끌어들여 모래 여과조에서 거른 다음 물 입자는 통과하지만 다른 입자는 통과시키지 않은 반투막을 설치하고 압력을 가해 사람이 마실 수 있는 물을 얻는 것입니다.

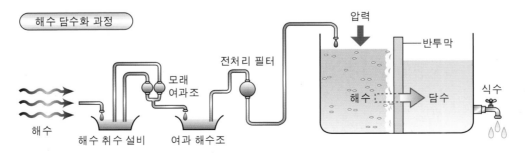

해수 담수화 과정

08 상태 변화에 따른 물과 얼음의 무게와 부피

❖ 탐구 목표 일정량의 물의 상태가 변할 때 부피, 무게, 녹는점 등을 측정할 수 있다.

❖ 준 비 물 전자저울, 눈금실린더, 물, 얼음, 전자 온도계, 플라스틱 컵, 휴지, 냉장고

유의점
- 눈금실린더의 물은 냉동실에서 1시간 정도 얼립니다.
- 냉동실에서 꺼낸 눈금실린더의 겉에 묻은 물기를 휴지로 닦습니다.

물질

탐구 과정

[물이 얼 때 부피와 무게 관계]

① 눈금실린더에 물 40 mL를 넣어 봅시다.

② 물 40 mL가 들어 있는 눈금실린더의 무게를 측정하여 봅시다.

③ 눈금실린더의 물을 냉동실에 1시간 정도 넣은 후 꺼내 무게를 측정하여 봅시다.

[얼음이 녹을 때 부피와 온도 변화]

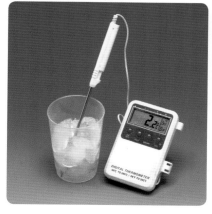

① 플라스틱 컵에 얼음의 온도를 측정하여 봅시다.

② 플라스틱 컵과 얼음의 무게를 측정하여 봅시다.

③ 얼음이 녹은 후의 온도와 무게를 측정하여 봅시다.

 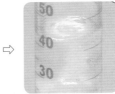

1. 40 mL의 물이 얼어 얼음이 되면 부피는 어떻게 될까요?

　⇨ 부피는 증가합니다.

2. 물이 얼 때 물의 무게와 얼음의 무게를 비교하여 봅시다.

　⇨ 물과 얼음의 무게는 89.45 g으로 같습니다.

3. 얼음이 녹을 때 얼음의 무게와 물의 무게를 비교하여 봅시다.

　⇨ 컵 속의 얼음이 물로 변했지만, 무게는 146.41 g으로 같습니다.

1. 물은 실온(20 ℃)에서 액체인데, 온도가 0 ℃ 이하로 내려가면 고체인 얼음이 됩니다. 이때 같은 무게의 물보다 얼음이 부피가 커집니다.
2. 냉동실에서 꺼낸 얼음의 온도는 0 ℃보다 낮으며, 시간이 지나 온도가 0 ℃ (0.1 ℃)에 이르면 물과 얼음이 섞인 상태로 있습니다.
3. 온도가 0 ℃보다 올라가면 얼음은 모두 녹아 물이 됩니다. 따라서 물은 온도 변화에 따라 상태를 바꾼다는 사실을 알 수 있습니다.

과학의 창

물과 얼음의 무게와 부피

　얼음을 물에 넣으면 얼음이 물 위에 뜹니다. 이것은 같은 부피의 얼음과 물의 무게를 비교할 때 얼음이 가볍기 때문입니다. 물은 온도가 4 ℃일 때 가장 무겁고, 부피가 가장 작은 특성이 있습니다. 호수 주변의 온도가 내려가 0 ℃보다 낮아지면 표면의 물은 얼지만, 호수 밑의 물은 0 ℃보다 높으므로 얼지 않아 물고기가 추운 날에도 살 수 있습니다.

호수 표면의 온도가 영하로 내려가면 표면은 언다.

호수 아래의 물은 4 ℃에서 얼지 않는다.

09 물의 증발과 끓음

❖ **탐구 목표** 물의 증발과 끓을 때의 변화를 관찰하고 그 차이점을 설명할 수 있다.

❖ **준 비 물** 알코올램프, 스탠드, 삼발이, 쇠그물, 가지 달린 둥근 플라스크, 투명 플라스틱 컵, 온도계, 고무마개, 고무관, 유리관, 시험관, 점화기, 물

<table>
<tr><td>유의점</td></tr>
<tr><td>• 알코올램프를 사용할 때에는 주위에 탈 수 있는 물질을 두지 않도록 합니다.
• 물을 끓일 때에는 끓임쪽을 넣도록 합니다.</td></tr>
</table>

▲ 물이 증발하여 생긴 구름

탐구 과정

① 투명한 플라스틱 컵에 물을 넣고 표면에 표시하여 봅시다.
② 하루가 지난 다음 물의 표면 변화를 관찰하여 봅시다.
③ 고무마개에 온도계를 끼우고, 플라스크에 끓임쪽과 물을 넣어 봅시다.
④ 온도계를 끼운 고무마개를 플라스크에 끼우고 스탠드에 고정하여 봅시다.
⑤ 플라스크의 물을 서서히 가열하면서 일어나는 변화를 관찰하여 봅시다.

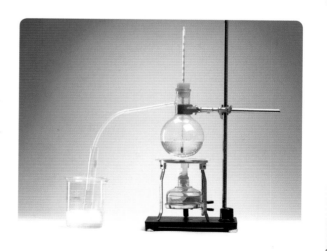

* 플라스틱 컵에 들어 있는 물은 어떻게 변할까요?

⇨ 컵 속에 들어 있는 물의 양이 줄어들었습니다.

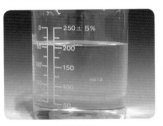
증발 전

하루 후

증발 후

증발
액체 표면에서 일어나는 기화 현상

끓음
액체 내부에서 일어나는 기화 현상

끓임쪽
액체가 갑자기 끓는 것을 막아주기 위해 넣는 물질

[물을 끓일 때 관찰한 현상]

* 플라스크의 물을 서서히 가열할 때 어떤 변화가 일어나는지 다음과 같이 관찰하여 봅시다.

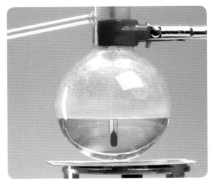

1. 가열되기 시작하면 플라스크 안쪽에 수증기가 생깁니다.

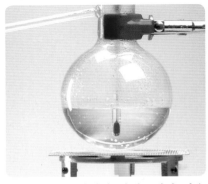

2. 온도가 높아지면 아래쪽에서 작은 기포가 올라옵니다.

3. 온도가 60 ℃ 이상 높아지면 많은 큰 기포가 올라옵니다.

4. 온도가 80℃ 넘으면 끓임쪽에서 기포가 올라옵니다.

5. 온도가 100℃에 이르면 온도는 더 올라가지 않고 일정하게 유지되면서 끓고 있습니다.

6. 시험관에 수증기가 식어 물로 변하여 모입니다.

알게 된 점

1. 물의 끓는점은 대기압이 1기압일 때 100 ℃입니다(에탄올은 1기압일 때 78.2 ℃에서 끓습니다.).
2. 물의 끓는점은 압력이 1기압보다 높아지면 100 ℃보다 높은 온도에서 끓으며, 압력이 1기압보다 낮아지면 100 ℃보다 낮은 온도에서 끓습니다.
3. 압력 밥솥이 가열될 때 내부 압력은 약 2기압이고, 온도가 약 120 ℃로 높아지므로 음식이 잘 익습니다.

또 다른 탐구

[황산 구리 왕관]

❖ 준 비 물 전자저울, 눈금실린더, 가위, 페트리 접시, 거름종이, 황산 구리, 물

① 거름종이를 반으로 접은 후 가위를 사용하여 왕관 모양으로 오려 봅시다.

② 물 100 mL에 황산 구리 약 30 g을 녹여 봅시다.

③ 황산 구리 용액에 오린 거름종이를 1주일 이상 세워 두고 관찰하여 봅시다.

④ 페트리 접시에 황산 구리 용액을 넣어 물이 모두 증발한 후 관찰하여 봅시다.

탐구 결과

1. 황산 구리가 물에 녹으면 어떤 용액이 될까요?

   ⇨ 푸른색 용액이 됩니다.

2. 오린 거름종이를 1주일 이상 세워 두면 어떻게 될까요?

   ⇨ 왕관에 황산 구리 결정이 생깁니다.

3. 페트리 접시에 황산 구리 용액을 넣어 물이 증발되면 어떻게 될까요?

   ⇨ 물이 증발하면 황산 구리 결정이 생깁니다.

알게 된 점

1. 용질인 황산 구리가 용매인 물에 녹으면 황산 구리 용액이 됩니다.
2. 황산 구리 용액에서 용매인 물이 증발하면 용질인 황산 구리 결정(다른 결정과 구별이 되는 모양)이 됩니다.

🌐 과학의 창

황산 구리 5수화물

　푸른색 결정인 황산 구리는 결정에 물 입자가 포함되어 있습니다. 이 결정을 250 ℃ 이상으로 가열하면 물 입자가 증발되어 흰색 결정이 됩니다. 이것을 물에 녹이면 푸른색 용액이 되는데, 이 용액을 오랫동안 두면 물이 증발하면서 예쁜 모양의 푸른색 결정을 얻을 수 있습니다. 황산 구리 5수화물에 대한 쥐의 독성 실험에서 치사율은 960 mg/kg입니다. 따라서 이 물질은 포도나무의 진딧물을 없애는 살충제, 잡초를 없애는 제초제, 하천의 조류를 죽이는 고사제 등으로 사용합니다.

관찰

❖ 탐구 목표 주위에서 수증기가 응결하여 생기는 현상의 예를 들 수 있다.

❖ 준 비 물 주전자, 가열 장치, 숟가락, 푸른색 염화 코발트 종이

유의점
• 뜨거운 물체는 맨손으로 만지지 않습니다.

탐구 과정

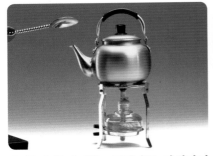

① 물이 들어 있는 주전자를 가열하면서 주전자 입구에서 일어나는 변화를 관찰하여 봅시다.

② 주전자 입구에 숟가락의 오목한 면을 대어 봅시다.

③ 숟가락의 오목한 면에 생긴 물질에 푸른색 염화 코발트 종이를 대어 보고, 변화가 있으면 그 이유를 토의하여 봅시다.

응결
온도를 낮추거나 일정 온도에서 기체를 압축하여 액체로 변하는 현상

응축
수증기 온도를 낮추거나 압축하여 물로 만드는 현상

응고
액체 또는 기체가 고체로 상태가 변하는 현상

탐구 결과

1. **주전자의 물을 가열하면 어떤 변화가 일어나는가?**

   ⇨ 주전자 입구를 통해 흰 수증기가 발생합니다. 이것은 물이 온도가 높아져서 액체인 물이 기체로 상태가 변한 것입니다.

2. **숟가락의 안쪽을 주전자의 입구에 대면 어떤 변화가 일어나는가?**

   ⇨ 무색 투명한 액체가 생깁니다.

3. **이러한 무색 투명한 액체에 푸른색 염화 코발트 종이를 대면 어떤 변화가 일어나는가?**

   ⇨ 붉은색이 나타납니다. 푸른색 염화 코발트 종이는 물기가 있으면 붉은색으로 변하는 성질이 있으므로 무색 투명한 액체가 물임을 확인할 수 있습니다.

알게 된 점

• 액체인 물은 온도가 높아지면 기체인 수증기로 변합니다. 수증기의 온도가 낮아지면 액체로 변합니다.

11 물질의 용해

❖ 탐구 목표 물질이 물에 녹는 현상을 관찰하고, 녹이기 전후의 무게를 비교할 수 있다.

❖ 준 비 물 전자저울, 투명 플라스틱 컵 3개, 비커 200 mL, 약숟가락 3개, 눈금 실린더, 유리 막대 3개, 시약포지, 각설탕, 소금, 철가루, 황산 구리

유의점

• 각설탕, 소금, 철가루가 섞이지 않도록 약숟가락을 각각 사용하도록 합니다.

용질, 용매, 용해, 용액
물에 녹아들어가는 물질을 용질, 용질을 녹이는 물질을 용매, 용질이 용매에 녹는 현상을 용해, 용매에 용질이 균일하게 녹아 있는 혼합물이 용액입니다.

탐구 과정

① 온도와 양이 같은 물에 같은 무게의 각설탕, 소금, 철가루를 각각의 플라스틱 컵에 넣고 유리 막대로 저으면 어떻게 되는지 관찰하여 봅시다.

② 투명 플라스틱 컵에 각설탕(2개), 소금, 철가루 5.6 g씩을 각각 넣어 봅시다.

③ 투명 플라스틱 컵 3개에 같은 온도의 물 100 mL를 넣은 후 약숟가락으로 저으면서 관찰하여 보고, 물질의 종류에 따라 녹는 정도가 어떻게 되는지 토의하여 봅시다.

탐구 결과

1. '같은 양의 설탕, 소금, 철가루는 같은 양의 물에 녹아 고루 섞인다.'라고 예상했다면 관찰 결과는 어떻게 될까요?

   ➡ 설탕과 소금은 물에 고루 퍼지므로 맨눈으로 볼 수 없지만, 철가루는 물과 섞이지 않고 가라앉습니다.

2. 플라스틱 컵에 5.6 g의 각설탕, 소금, 철가루를 넣으면 어떻게 될까요?

   ➡ 각설탕, 소금, 철가루의 부피가 다릅니다.

3. 각설탕, 소금, 철가루를 같은 온도의 물 100 mL에 넣은 후 약숟가락으로 저으면 어떻게 될까요?

   ➡ 각설탕과 소금은 시간이 지나도 가라앉거나 떠 있는 것이 없습니다. 즉, 고루 퍼져 알갱이를 맨눈으로 볼 수 없습니다. 철가루는 시간이 지나면 녹지 않고 대부분 가라앉습니다.

알게 된 점

1. 물은 많은 물질을 잘 녹일 수 있는 용매이고 설탕, 소금은 용질입니다.
2. 용질 중에서 각설탕과 소금은 물에 잘 녹아 고루 섞이므로 녹은 액체는 용액입니다. 철가루는 물에 녹지 않습니다. 즉, 용질이 물에는 녹지 않지만 염산에는 녹습니다.
3. 각설탕은 겉에서 물에 녹고, 시간이 지나면 부피가 줄면서 사라집니다.

❖ 준 비 물   각설탕 2개, 물, 전자저울, 플라스틱 컵, 눈금실린더

① 각설탕 2개가 물에 용해되기 전과 용해된 후의 무게를 예상하여 봅시다.
② 전자저울로 각설탕 2개와 물 100 mL가 담긴 플라스틱 컵의 무게를 측정
   하여 봅시다.
③ 각설탕을 물에 모두 녹인 다음 무게를 측정하고 용해 전의 무게와 비교
   하여 봅시다.
④ 예상한 것과 측정 결과를 비교하여 보고 차이가 있다면 그 이유를 설명
   하여 봅시다.

탐구 결과

1. 각설탕을 물에 모두 녹인 다음 무게를 측정하고 용해 전과 후의 무게가 어떻게 될까요?

   ⇨ 각설탕이 물에 녹아 맨눈으로 볼 수 없습니다. 각설탕이 물에 녹아 보이지 않는 것은 작은 알갱이로 되어 물에 골고
     루 퍼져 있기 때문입니다.

2. 각설탕이 녹기 전의 무게와 녹은 후의 무게는 어떻게 될까요?

   ⇨ 녹기 전과 후의 무게는 같습니다.

▲ 각설탕이 녹기 전 무게

▲ 각설탕이 녹은 후 무게

알게 된 점

1. 일정한 양의 용매인 물에 일정한 양의 용질인 각설탕을 물에 녹일 때 무게는 같습니다. 이것은 설탕이 사라진
   것이 아니라 용액 속에 골고루 퍼져 있다는 증거가 됩니다.
2. 용액에 설탕이 남아 있다는 것은 용액의 맛을 보면 달다는 것으로 알 수 있습니다.
3. 용액을 증발시키면 설탕을 얻습니다.
4. 같은 용질이라도 녹이는 용매에 따라 녹는 시간이 다릅니다.
   예 소금은 물에 잘 녹지만 에탄올, 아세톤에는 잘 녹지 않습니다.
      물에 녹지 않은 옷에 묻은 페인트는 아세톤이나 신나(톨루엔)로 녹일 수 있습니다.
      물로 녹일 수 없는 철의 녹은 염산으로 녹일 수 있습니다.
      물에 녹지 않는 기름은 수산화 나트륨 용액으로 녹일 수 있습니다.
      물로 지워지지 않은 유성 펜 자국은 아세톤으로 지울 수 있습니다.

❖ 준 비 물 물, 얼음, 황산 구리, 전자저울, 온도계, 비커, 유리 막대

① 일정한 양의 물의 온도를 다르게 할 때 일정한 양의 용질이 녹는 양은 어떻게 될지 예상하여 봅시다.

② 비커에 물 50 mL를 넣고, 황산 구리 결정 15 g을 넣어 관찰한 후 저어 봅시다.

③ 위의 비커를 얼음물, 실온의 물, 60 ℃의 물에서 일어나는 변화를 관찰하여 봅시다.

④ 60 ℃의 물의 경우 비커에 황산 구리 결정 5 g을 더 넣어 저어준 후 관찰하여 봅시다.

탐구 결과

1. 물의 온도를 다르게 했을 때 예상 변화는 어떻게 될까요?

⇨ '물의 온도가 높을수록 더 잘 녹는다.'라는 예상은 옳습니다.

2. 황산 구리 결정 15 g을 넣어 저어줄 때의 변화는 어떻게 될까요?

⇨ 저어 주면 더 녹으나 녹지 않고 남은 결정이 있습니다.

3. 60 ℃의 물에서 일어나는 변화는 어떻게 될까요?

⇨ 모두 녹습니다.

4. 황산 구리 결정 5 g을 더 넣어 저어주었을 때의 변화는 어떻게 될까요?

⇨ 더 녹습니다.

알게 된 점

• 일정한 양의 물에 녹는 용질의 양은 온도가 높을수록 빨리 녹습니다.
• 물 100 mL에 녹는 황산 구리 결정의 온도에 따른 최대의 양(g)

구분	온도(℃)					
	0	20	40	60	80	100
녹는 양(g)	14.3	20.7	28.5	40.0	55.0	75.4

• 용액을 저어 줄수록 더 빨리 녹습니다(실험실에서 용질을 빨리 녹이기 위해 자석으로 용액을 저어 줍니다.).
• 용액이 일정한 양의 물에 녹는 양에는 한계가 있습니다. 용질을 넣어도 더 녹지 않습니다. 용질이 높은 온도에서 녹아 있는 용액을 온도를 낮추면 결정으로 가라앉습니다.

❖ **탐구 목표** 용액의 재료를 달리하여 진하기를 상대적으로 비교하는 도구를 모둠별로 만들 수 있다.

❖ **준 비 물** 눈금 스포이트, 쇠구슬, 자, 각설탕 5개, 물, 눈금실린더, 그래프 용지, 내 모둠 만의 준비물

유의점
• 눈금 스포이트는 mm 단위로 새겨진 것을 이용합니다.
• 쇠구슬은 작은 구슬을 여러 개 사용합 니다.

탐구 과정

다음 단계를 참고하여 내 모둠원만의 창의적인 용액의 진하기 비교 도구를 만들어 봅시다.

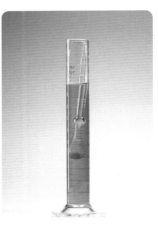

① 눈금 스포이트의 고무주머 니에 작은 쇠구슬을 넣어 봅시다.

② 쇠구슬이 들어간 고무주머 니를 눈금이 새겨진 유리 관에 끼워 봅시다.

③ 눈금실린더에 물 80 mL를 넣어 봅시다.

④ 눈금실린더에 눈금 스포이 트를 넣고 물 표면의 위치 를 기록하여 봅시다.

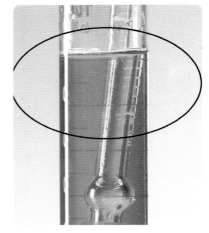

⑤ 설탕의 진하기를 측정할 때, 같게 해야 할 조건과 다르게 해야 할 조 건을 알아 봅시다.

⑥ 설탕 한 개를 녹이고, 눈금 스포 이트로 진하기를 측정하여 봅시다.

⑦ 각설탕의 양을 늘리면서 눈금 스포 이트로 진하기를 측정한 결과를 그 래프로 나타내어 봅시다.

1. 설탕의 진하기를 측정할 때 같게 해야 할 조건과 다르게 해야 할 조건은 무엇일까요?

  ⇨ * 같게 해야 할 조건 : 물의 양, 용액의 온도
  * 다르게 해야 할 조건 : 용질의 양

2. 눈금 스포이트로 진하기를 측정할 경우에는 어떻게 할까요?

  ⇨ 눈금 스포이트는 물에 뜨므로 작은 쇠구슬을 고무주머니에 넣어 뜨는 정도를 조절합니다. 눈금이 기록되어 있으므로 쉽게 진하기를 비교할 수 있습니다.

3. 물과 설탕 용액의 진하기를 비교할 때 눈금 스포이트는 어떻게 될까요?

  ⇨ 물보다 설탕 용액이 눈금 스포이트가 더 위로 뜹니다. 용액이 진할수록 눈금 스포이트가 위로 뜹니다.
  * 물의 양 : 80 mL
  * 쇠구슬 지름 : 6.5 mm
  * 각설탕 개수 : 5개

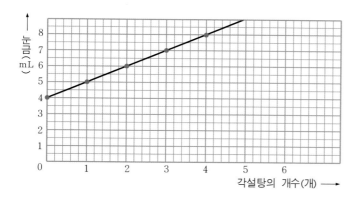

알게 된 점

1. 물보다 각설탕을 녹인 용액이 눈금 스포이트가 위로 뜹니다.
2. 각설탕을 더 넣을수록 눈금 스포이트가 위로 뜹니다.
3. 용액이 진할수록 용질이 녹는 시간이 깁니다.
4. 눈금 스포이트로 용액의 진한 정도를 측정할 수 있습니다.

과학의 창 천일염을 얻는 염전

우리나라 서해안 지역(신안, 비금도, 증도, 고창, 영광 등)은 여름철에 해가 비치는 기간이 길고 햇빛이 강하며 마그네슘, 칼륨, 칼슘 등 풍부한 미네랄이 포함된 바닷물이 있어서 품질이 우수한 천일염을 대량으로 생산하고 있습니다.

우리나라의 천일염은 염도가 외국산이 98~99 %인 데 비해 80~85 %로 낮으며 미네랄 함유량이 높습니다.

소금은 만드는 방법에 따라 햇빛으로 바닷물의 수분을 증발시켜 얻는 천일염(신안 소금), 바닷물을 특수한 막을 통과시켜 진하게 한 다음 끓여서 얻는 정제염(한주 소금)이 있습니다.

▲ 염전

13 용액의 분류

분류

❖ 탐구 목표 여러 용액의 성질을 관찰하여 공통점과 차이점을 찾아 분류할 수 있다.

❖ 준 비 물 식초, 이온 음료, 사과 주스, 석회수, 비눗물, 암모니아수, 에탄올

유의점
• 준비물은 직접 맛보지 않도록 합니다.
• 시약을 만진 후에는 손을 깨끗이 씻습니다.

탐구 과정

① 준비한 7가지 용액에 대해 다음과 같이 기준을 세우고 관찰하여 봅시다.

(1) 색깔이 있는 용액
(2) 냄새가 나는 용액
(3) 투명한 용액
(4) 촉감이 미끈거리는 용액
(5) BTB 용액을 넣었을 때 나타나는 색깔

② 준비물을 산성, 중성, 염기성으로 분류할 수 있는 기준으로 적당한 것과 적당하지 않은 것을 알아봅시다.
③ 준비물의 용액을 산성, 중성, 염기성으로 분류하여 봅시다.
④ 다음 물질의 용액의 공통점을 써 봅시다.

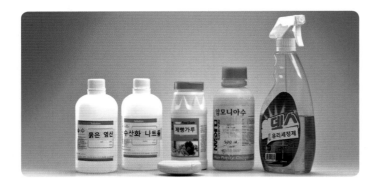

⑤ 실험실에서 사용하는 염산과 수산화 나트륨 용액이 산성과 염기성임을 알아내는 방법을 조사하여 발표하여 봅시다.
⑥ 산성 물질과 염기성 물질에 대해 조사하여 발표하여 봅시다.
　　(1) 산성 물질의 공통점
　　(2) 염기성 물질의 공통점
　　(3) 염산과 수산화 나트륨 용액의 차이점

1. 준비한 용액에 대해 기준을 세우고 관찰해 봅시다.

⇨ (1) 색깔이 있는 용액 : 식초, 이온 음료, 비눗물
(2) 냄새가 나는 용액 : 식초, 암모니아수
(3) 투명한 용액 : 사과 주스, 에탄올, 석회수, 암모니아수
(4) 촉감이 미끈거리는 용액 : 비눗물, 암모니아수, 석회수
(5) BTB 용액을 넣었을 때 나타나는 색깔 : 노란색의 경우는 식초, 사이다이고 푸른색의 경우는 석회수, 비눗물, 암모니아수이며 녹색의 경우는 이온 음료, 에탄올입니다.

2. 산성, 중성, 염기성으로 분류할 수 있는 기준으로 적당한 것과 적당하지 않은 것은 무엇일까?

⇨ 적당한 것은 BTB 용액, 촉감이고 적당하지 않은 것은 색, 냄새, 투명도입니다.

3. 용액을 산성, 중성, 염기성으로 분류하는 기준은 무엇일까?

⇨ 지시약의 색깔 변화로 분류할 수 있습니다.

4. 용액의 공통점은 무엇일까?

⇨ 용액은 염기성이고, 페놀프탈레인 용액을 가하면 분홍색으로 변하며, 촉감이 미끄럽습니다.

▲ 수산화 나트륨

5. 산성과 염기성을 알아내는 방법을 조사하여 다음 표에 기록해 봅시다.

구분	리트머스 종이	BTB 용액	페놀프탈레인 용액
염산	푸른색 → 붉은색	노란색	무색
수산화 나트륨 용액	붉은색 → 푸른색	푸른색	분홍색

6. 산성 물질과 염기성 물질에 대해 조사하여 봅시다.

⇨ (1) 산성 물질의 공통점 : 신맛이 나고, 푸른색 리트머스 종이를 붉은색으로 변화시키며, 마그네슘을 넣으면 수소가 발생합니다.
(2) 염기성 물질의 공통점 : 맛이 쓰고, 미끈거리며, 붉은색 리트머스 종이를 푸른색으로 변화시키며, 단백질과 지방을 녹입니다.
(3) 염산과 수산화 나트륨 용액의 차이점 : 맛이 다르고, 촉감이 다르며, 금속에 대한 반응성이 다릅니다.

알게 된 점

1. 색, 냄새, 투명도만으로 용액의 산성과 염기성을 분류할 수 없습니다.
2. BTB 용액과 같이 용액의 성질에 따라 색을 나타내는 물질은 산성과 염기성을 판단할 수 있습니다.
3. 산과 염기의 종류와 특징

구분	산	염기
종류	염산, 아세트산, 탄산, 황산, 질산	수산화 나트륨, 암모니아수, 수산화 칼슘, 수산화 칼륨
특징	• 용액에 수소 이온(H^+)을 포함하고 있는 물질입니다. • 마그네슘, 아연을 넣으면 수소가 발생합니다. 염산 + 마그네슘 ⟶ 염화 마그네슘 + 수소 • 녹색의 BTB 용액을 가하면 노란색으로 변합니다. • 탄산 칼슘에 염산을 가하면 이산화 탄소가 생깁니다.	• 용액에 수산화 이온(OH^-)을 포함하고 있는 물질입니다. • 단백질을 녹입니다. • 무색의 페놀프탈레인 용액을 가하면 분홍색으로 변합니다. • 녹색의 BTB 용액을 가하면 푸른색으로 변합니다.

❖ **탐구 목표** 천연 물질로 용액이 산성, 중성, 염기성인지를 판단하는 지시약을 만들 수 있다.

❖ **준 비 물** 가열 장치, 물, 붉은색 양배추, 시험관대, 시험관 6개, 스포이트, 체, 비커, 가위

유의점
• 붉은색 양배추를 가열할 때에는 화상을 입지 않도록 주의합니다.

탐구 과정

① 붉은색 양배추를 가위로 잘게 잘라 봅시다.

② 자른 양배추를 비커에 넣고 뜨거운 물을 부어 봅시다.

③ 보라색 액체가 우러나오면 체로 걸러 봅시다.

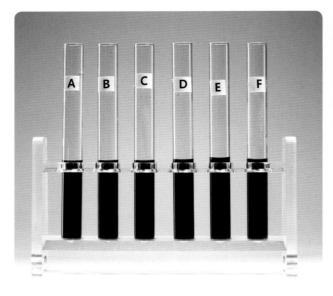

④ 6개의 시험관에 붉은색 양배추 즙을 각각 같은 양 넣어 봅시다.

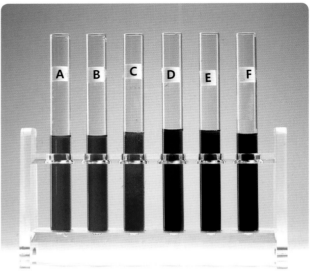

⑤ 붉은색 양배추 즙에 주변의 용액을 각각 넣고 색의 변화를 관찰하여 봅시다.

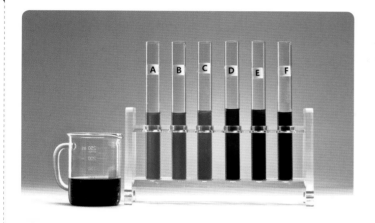

지시약
검사하려는 용액에 가했을 때 색깔이 변화하는 것으로 보아 산성과 염기성을 확인할 수 있는 시약

물질

알게 된 점

1. 잘게 자른 양배추에 뜨거운 물을 넣으면 보라색 즙이 우러나옵니다.
2. 보라색 즙에 검사할 용액을 가할 때 다음과 같은 색이 나타납니다.

구분	A	B	C	D	E	F
색깔	붉은색	연한 붉은색	적자색	보라색	푸른색	노란색
검사할 용액	묽은 염산	식초	아스피린	정제수	유리 세정제	수산화 나트륨

3. 산성 물질 : 묽은 염산, 식초, 아스피린
   중성 물질 : 정제수
   염기성 물질 : 유리 세정제, 수산화 나트륨 용액
4. 산성과 염기성 용액에서 나타나는 몇 가지 지시약의 색

구분	산성	중성	염기성
리트머스 종이	붉은색	보라색	푸른색
페놀프탈레인 용액	무색	무색	붉은색
BTB 용액	노란색	초록색	푸른색

과학의 창 — 지시약

우리 주변에 있는 식품, 꽃잎, 열매 등으로 산성과 염기성을 구별할 수 있습니다. 붉은색 양배추, 나팔꽃, 버찌, 삶은 검은 콩, 코스모스 꽃, 배꽃, 튤립 등에서 우러나오는 용액도 산성이나 염기성에서 색깔이 변합니다.

지시약으로 사용하는 리트머스는 지중해 지방에서 나는 지의류에 속하는 리트머스 이끼에서 빼낸 물질입니다. 페놀프탈레인은 흰색 결정으로 물에는 잘 녹지 않지만, 에탄올에는 잘 녹습니다.

영국의 보일은 바이올렛 꽃의 즙을 적색으로 변화시키는 물질은 산이고, 녹색으로 변화시키는 물질은 알칼리라고 했습니다.

▲ 리트머스 시험지

❖ **탐구 목표** 산성 용액과 염기성 용액을 섞을 때의 변화를 관찰할 수 있다.

❖ **준 비 물** 스포이트, 제빵 가루, 식초, 묽은 염산, 제산제, 페놀프탈레인 용액, BTB 용액,
약숟가락, 홈판, 보안경, 장갑

유의점
• 염산을 다룰 때에는 피부에 닿지 않도록 주의해야 합니다.
• 실험 후 폐기물은 지정된 용기에 모아 처리합니다.

탐구 과정

① 제빵 가루 용액에 식초를 떨어뜨리면 어떻게 될지 예상하여 봅시다.
② 제빵 가루 용액에 페놀프탈레인 용액 10방울을 떨어뜨려 봅시다.
③ 위의 용액에 식초를 방울방울 떨어뜨리면서 색깔의 변화를 관찰하여 봅시다.
④ 홈판에 묽은 염산과 제산제를 조금 넣어 봅시다.

⑤ 묽은 염산과 제산제에 각각에 BTB 용액을 떨어뜨려 관찰하여 봅시다.
⑥ 묽은 염산에 제산제를 섞은 용액에 BTB 용액을 떨어뜨리고 관찰하여 봅시다.

탐구 결과

1. **식초를 떨어뜨렸을 때 어떻게 될까요?**

   ⇨ 거품이 생기면서 제빵 가루의 성질이 없어집니다.

2. **페놀프탈레인 용액을 떨어뜨리면 어떻게 될까요?**

   ⇨ 분홍색이 나타납니다.

3. **식초를 떨어뜨리면 어떻게 될까요?**

   ⇨ 분홍색이 없어집니다.

4. **묽은 염산과 제산제는 어떻게 될까요?**

   ⇨ 묽은 염산은 무색, 제산제는 뿌옇게 탁한 용액입니다.

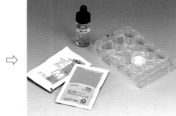

5. **묽은 염산과 제산제에 각각에 BTB 용액을 떨어뜨리면 어떻게 될까요?**

   ⇨ 묽은 염산의 경우 노란색으로 변하고, 제산제의 경우 푸른색으로 변합니다.

알게 된 점

• 산성 물질과 염기성 물질이 섞이면 섞기 전 각각의 성질이 사라집니다. 위에 산이 많을 때 제산제로 산의 성질을 없앨 수 있습니다.

🧪 또 다른 탐구

① 다음과 같이 우리 생활에 이용하는 산성 물질과 염기성 물질을 분류한 후 그 쓰임을 간단히 설명하여 봅시다.

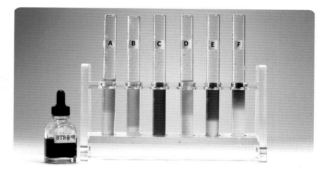

② 위 물질의 용액에 BTB 용액을 가할 때 나타내는 색의 시험관을 가려내어 짝을 지어 봅시다.

📷 탐구 결과

1. 산성 물질과 염기성 물질을 분류해 봅시다.

⇨ • 산성 물질 : 우유(식용 음료), 식초(조미료), 아스피린(해열 진통제)
  • 염기성 물질 : 윈덱스(유리 세정제), 비눗물(위생 세척)

2. 위 물질의 용액에 BTB 용액을 넣을 때 나타내는 색의 시험관을 나타내어 봅시다.

⇨ A-식초, B-아스피린, C-윈덱스, D-우유, E-정제수, F-비눗물

알게 된 점

1. 아스피린이 물에 녹으면 약한 산성을 나타냅니다.
2. 유리 세정제에는 약염기성 물질이 포함되어 있습니다.
3. 우리 주위에 있는 용액의 산성과 염기성을 지시약으로 분류할 수 있습니다.
4. 산성 용액과 염기성 용액을 섞으면 각각의 성질이 약해지므로 제산제와 같이 우리 생활에 이용할 수 있습니다.

🌐 과학의 창 우리 생활에서 산성 물질과 염기성 물질을 이용하는 예

자동차나 공장의 배출 가스에 포함된 이산화 황이나 이산화 질소가 대기 중의 수증기와 결합하여 황산이나 질산이 되어 지상으로 떨어지는 비가 산성비입니다. 산성비에 의해 토양이 오염되었을 때 염기성 물질인 나무 재나 석회를 뿌려 토양의 산성을 약하게 하고, 생선회를 먹을 때 레몬즙을 뿌리면 생선 비린 냄새인 염기성을 약하게 하므로 비린 냄새를 없앨 수 있습니다.

▲ 산성비에 의해 피해를 입은 조각상

▲ 생선회

❖ **탐구 목표** 시약을 사용하여 산소를 만들고 그 성질을 실험으로 확인할 수 있다.

❖ **준 비 물** 가지 달린 삼각 플라스크, 분액 깔때기, 고무판, 고무 마개, 눈금 실린더, 수조, 묽은 과산화 수소, 이산화 망가니즈, 집기병, 약숟가락, 보안경, 장갑

유의점
• 과산화 수소는 3 %의 묽은 용액을 사용합니다.
• 과산화 수소에 의해 입은 상처는 바셀린을 바릅니다.

식물은 햇빛과 물, 그리고 이산화 탄소를 이용하여 양분을 만들고 산소 기체를 내어 우리 생물이 살아가는 데 중요한 역할을 합니다.

탐구 과정

[산소의 발생]

① 가지 달린 삼각 플라스크, 분액 깔때기, 고무관, 고무 마개, 수조, 집기병(또는 눈금 실린더)을 준비하고 산소 발생 장치를 꾸며 봅시다.

② 가지 달린 삼각 플라스크에 이산화 망가니즈 한 숟가락을 넣고, 분액 깔때기에 3 % 과산화 수소수를 넣습니다. 집기병에 물을 가득 채운 후 수조의 물에서 거꾸로 세우고, 꼭지를 열어 과산화 수소수를 흘려 보내면서 관찰하여 봅시다.

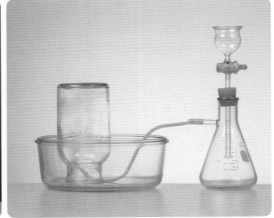

[산소의 이용]

▲ 연료의 연소를 돕는 산소 ▲ 병원 환자 호흡용 ▲ 우주 비행사의 호흡용 ▲ 로켓의 연료 연소

탐구 결과

1. **산소의 발생 장치를 만들어 관찰하여 봅시다.**

   ⇨ 산소는 색과 냄새가 없으며 물에 잘 녹지 않으므로 수상 치환 방법으로 모읍니다.

2. **산소는 어떻게 이용될까요?**

   ⇨ 산소는 스스로 타지 못하나 다른 물질이 잘 타도록 도와줍니다.

3. **과산화 수소가 분해되면 어떻게 될까요?**

   ⇨ 산소 기체와 물이 생성됩니다.

> **수상 치환**
> 물에 녹지 않는 기체(산소, 수소, 질소 등)를 모으는 방법

 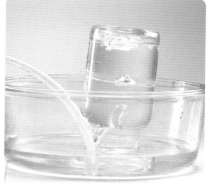 

알게 된 점

1. 과산화 수소가 분해되면 산소 기체가 생성되고 물이 남습니다.
2. 이산화 망가니즈는 과산화 수소수를 분해하는 속도를 빠르게 해 주는 물질로 그 자신의 무게는 변하지 않습니다.
3. 산소를 불꽃에 대면 더 환하게 잘 탑니다. 즉, 다른 물질이 타는 것을 돕습니다.
4. 산소는 환자, 스쿠버, 우주 비행사의 호흡용으로 사용됩니다.

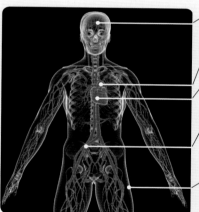

1. 뇌와 산소
 • 몸 전체의 25 % 산소 소비
 • 뇌에는 산소 저장 기능이 없다.
2. 폐와 산소
 • 가스 교환 기능 • 산소 저장
3. 심장과 산소
 • 심장 박동 에너지원은 전달 능력이 산소
 • 심장에는 산소 저장 기능이 없다.
4. 혈액과 산소
 • 혈액은 산소 공급 역할
 • 산소는 혈액의 헤모글로빈을 증가시켜 정화 활동
5. 피부와 산소
 • 피부의 노폐물 배출
 • 피부의 혈액 순환 원활

▲ 산소가 인체에 미치는 영향

🌐 과학의 창

산소의 성질

산소는 색, 냄새, 독성이 없으며, 공기 중에 약 20 % 존재하고 생물의 생명을 유지하는 데 필수적인 기체입니다. 실험실에서는 3 % 정도의 묽은 과산화 수소수에 고체 이산화 망가니즈를 가하여 얻으며 염소산 칼륨을 가열하여 분해해도 얻습니다. 산소는 물에 조금 녹으며 스스로 타지 못하지만 물질이 타는 것을 돕습니다.

아세틸렌과 혼합하여 불을 붙이면 3000 ℃까지 온도가 올라갈 수 있으므로 철 제품을 용접할 때 사용합니다. 일산화 탄소에 중독되었을 때 고압 산소통에서 산소를 공급하여 생명을 구합니다. 로켓을 발사할 때 연료가 타는 것을 돕기 위해 많은 액체 산소를 사용합니다.

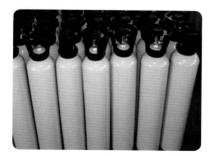

▲ 고압 산소통

17 이산화 탄소의 발생과 성질

❖ 탐구 목표 이산화 탄소를 발생시켜 그 성질을 확인할 수 있다.
❖ 준 비 물 스탠드, 점화 장치, 묽은 염산, 유리관, 가지 달린 시험관, 고정 집게, 시험관, 시험관대, 비커, 고무관, 초, 조개, 껍질(또는 달걀 껍질), 사이다, BTB 용액, 보안경, 장갑

탐구 과정

① 시험관에 BTB 용액을 넣는다. 가지 달린 시험관에 조개 껍질(또는 달걀 껍질)과 묽은 염산을 넣고 시험관을 막은 후 관찰하여 봅시다.

② 시험관에서 일어나는 반응을 관찰하고 유리관의 끝을 촛불에 대어 봅시다.

③ 발생하는 기체가 촛불을 꺼지게 하는지 관찰하여 봅시다.

④ 사이다를 컵에 따를 때 발생하는 거품은 어떤 기체 때문인지 조사하여 봅시다.

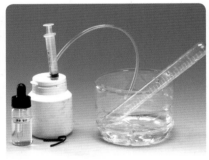

⑤ 맥주에 어떤 기체를 넣으면 거품이 나는지 조사하여 봅시다.

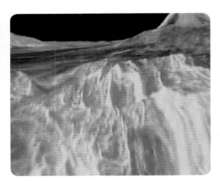

⑥ 금성의 대기에는 어떤 기체가 들어 있는지 조사하여 봅시다.

⑦ 이산화 탄소 기체를 흡수할 수 있는 물질에는 어떤 것이 있는지 조사하여 봅시다.

탐구 결과

1. **시험관에 BTB 용액을 넣고, 달걀 껍질에 묽은 염산을 떨어뜨리면 어떤 변화가 있을까?**
   ⇨ BTB 용액에 이산화 탄소를 통과시키면 노란색으로 변합니다. 달걀 껍질에 묽은 염산을 떨어뜨리면 이산화 탄소 거품이 생깁니다.

2. **발생하는 기체가 촛불을 꺼지게 할까?**
   ⇨ 촛불을 대면 불이 꺼집니다.

3. **사이다를 컵에 따르면 어떤 기체가 생길까?**
   ⇨ 사이다를 따르면 이산화 탄소 거품이 생깁니다.

4. **맥주에 어떤 기체를 넣으면 거품이 날까?**
   ⇨ 맥주의 거품은 이산화 탄소에 의해 생긴 것입니다.

5. **금성의 대기에는 어떤 기체가 들어 있는지 알아봅시다.**
   ⇨ 금성의 대기는 이산화 탄소이며, 표면 온도는 480 ℃입니다.

6. **이산화 탄소 기체를 흡수할 수 있는 물질에는 어떤 것이 있을까?**
   ⇨ 이산화 탄소 기체는 수산화 나트륨 수용액에 잘 흡수됩니다.

알게 된 점

1. 이산화 탄소는 탄산 칼슘 성분에 묽은 염산을 넣으면 발생합니다.
2. 식물이 광합성할 때 이산화 탄소를 사용합니다.
3. 이산화 탄소는 공기보다 무거우므로 화재가 발생할 때 뿌리면 공기의 공급을 차단하여 불이 꺼지게 합니다.
4. 음료와 맥주에 이산화 탄소를 불어 넣어 시원한 맛이 나게 합니다.
5. 이산화 탄소가 녹은 탄산이 석회암에 닿으면 석회암이 녹아 석회 동굴을 형성합니다.
6. 이산화 탄소가 고체로 된 상태인 드라이아이스는 식품을 보관하는 냉동제로 사용됩니다.

🌐 과학의 창

석회 동굴

석회암의 주성분은 탄산 칼슘입니다. 탄산 칼슘에 묽은 염산을 떨어뜨리면 이산화 탄소가 발생합니다.

단양의 고수 동굴과 천동 동굴, 정선의 화암 동굴, 삼척의 환선 동굴, 울진의 성류 동굴은 이산화 탄소가 녹아 있는 지하수가 석회암을 녹여 이루어진 동굴입니다.

석회 동굴에서 천정에 고드름 모양으로 만들어진 암석이 종유석, 바닥에서 죽순 모양으로 만들어진 암석이 석순입니다. 석순과 종유석이 형성되면서 기둥 모양으로 만들어진 암석은 석주입니다.

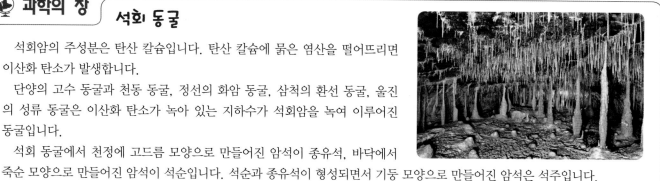

[기체 발생 장치 만들기]

❖ 준 비 물 주사기(바늘 포함), 뚜껑이 있는 약병, 점화 장치, 송곳, 고무관, 접착제, 페트병, 시험관, 아연, 묽은 염산, 향

① 뚜껑이 있는 약병에 주사기 바늘이 들어갈 곳을 택하여 송곳으로 구멍을 뚫어 봅시다.

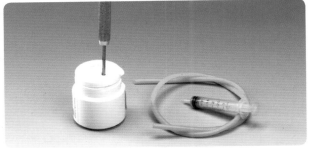

② 뚜껑에 고무관이 들어갈 곳에 구멍을 뚫어 봅시다.

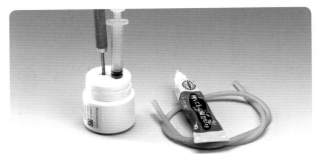

③ 두 구멍에 각각 주사기 바늘과 고무관을 꽂아 봅시다.

④ 기체가 새지 않도록 접착제를 사용하여 고정해 봅시다.

⑤ 페트병을 잘라 물을 넣고, 시험관에 물을 가득 채운 후 페트병의 물에서 거꾸로 세워 봅시다.

⑦ 고무관을 시험관에 연결해 봅시다.

⑧ 약병에 아연 조각을 넣고 주사기로 묽은 염산을 가한 다음 뚜껑을 닫아 봅시다.

⑨ 시험관에 기체가 모이면 거꾸로 세운 채로 입구에 향불을 대어 봅시다.

탐구 결과

1. **아연에 묽은 염산을 가하면 어떤 기체가 발생할까?**

   아연 + 묽은 염산 ⟶ 염화 아연 + 수소

2. **수소는 어떤 성질을 지니고 있을까?**

   ⇨ 수소는 잘 타는 기체로 공기와 혼합되면 폭음을 내며 타고, 순수한 수소는 푸른 불꽃을 내며 탑니다.

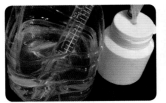 

알게 된 점

• 아연과 묽은 염산이 반응하면 수소 기체가 발생합니다.
  [간이 기체 발생 장치(폐품을 사용하여 만들 수 있음)로 발생시키는 기체]
  * 산소 : 이산화 망가니즈 + 과산화 수소수   * 수소 : 마그네슘 + 묽은 염산
  * 이산화 탄소 : 석회암 + 묽은 염산   * 아세틸렌 : 탄화 칼슘 + 물

18 온도와 압력에 따른 기체의 부피 변화

 관찰   측정

❖ **탐구 목표** 온도와 압력에 따른 기체의 부피 관계를 실험을 통해 확인할 수 있다.

❖ **준 비 물** 페트병, 향, 점화 장치, 고무풍선, 헤어 드라이어, 얼음

유의점

• 유리 주사기를 사용할 경우에는 무리한 힘을 가하지 않도록 합니다.
• 헤어 드라이어를 사용할 때에는 뜨거운 공기에 주의해야 합니다.

물질

탐구 과정

① 찌그러진 페트병을 펴기 위해서는 어떻게 하면 되는지 예상하여 봅시다.

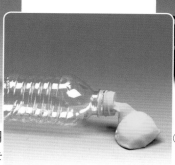

② 페트병 입구에 고무풍선을 끼워 봅시다.

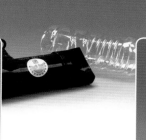

③ 헤어 드라이어로 페트병에 뜨거운 공기를 보낼 때 일어나는 변화를 관찰하여 봅시다.

④ 페트병을 얼음 위에 놓을 때 일어나는 변화를 관찰하여 봅시다.

⑤ 둥근 바닥 플라스크에 고무풍선을 끼우고 헤어 드라이어로 가열하여 봅시다.

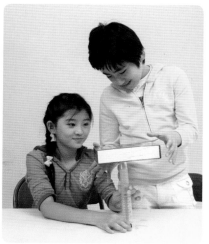

⑥ 고무마개로 막은 주사기 실린더 위에 책을 올려 놓을 때 일어나는 변화를 관찰하여 봅시다.

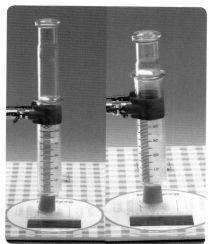

⑦ 체중계 위에 주사기를 놓고 서서히 누르면서 저울 눈금의 변화를 관찰하여 봅시다.

물질·**167**

1. 찌그러진 페트병을 펴기 위해서는 어떻게 할까요?

⇨ 페트병에 헤어 드라이어의 뜨거운 공기를 불어 넣습니다.

2. 헤어 드라이어의 뜨거운 공기를 페트병에 대면 어떻게 될까요?

⇨ 고무풍선이 부풀어 오릅니다.

3. 고무풍선이 부풀어 오른 페트병을 얼음 위에 놓으면 어떻게 될까요?

⇨ 고무풍선이 줄어듭니다.

4. 둥근 바닥 플라스크를 헤어 드라이어로 가열하면 어떻게 될까요?

⇨ 고무풍선이 부풀어 오릅니다.

5. 고무마개로 막은 실린더 위에 책을 올려 놓으면 어떻게 될까요?

⇨ 피스톤이 아래로 내려갑니다.

6. 체중계 위에 주사기를 놓고 서서히 누르면 저울의 눈금의 변화는 어떻게 될까요?

⇨ 저울의 눈금이 더 큰 쪽을 가리킵니다.

알게 된 점

1. 페트병 속의 공기는 온도가 높아지면 부피가 커지고, 온도가 낮아지면 부피가 줄어듭니다. 주사기 속의 공기에 압력을 가하면 부피가 줄어듭니다.
2. 기체는 온도가 높아지면 부피가 증가하고 낮아지면 부피가 감소합니다.

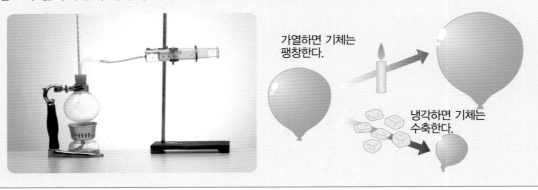

가열하면 기체는 팽창한다.

냉각하면 기체는 수축한다.

🌐 과학의 창

호흡 운동

우리의 폐는 근육으로 되어 있지 않기 때문에 스스로 호흡 운동을 하지 못합니다. 호흡 운동은 가슴 속의 부피를 변화시킬 때 일어납니다.

숨을 들이쉴 때 횡격막은 내려가고 갈비뼈는 올라가 폐의 부피가 증가하면 폐 속의 공기 압력이 낮아집니다. 그 결과 공기가 폐 속으로 들어갑니다.

숨을 내쉴 때 횡격막은 올라가고 갈비뼈는 내려가 폐의 부피가 감소하면 폐 속의 공기 압력이 높아집니다. 그 결과 공기가 폐 밖으로 나갑니다.

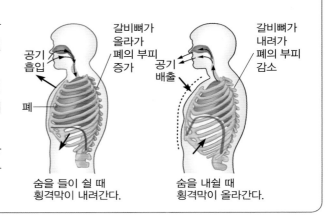

공기 흡입
갈비뼈가 올라가 폐의 부피 증가
폐
숨을 들이 쉴 때 횡격막이 내려간다.

갈비뼈가 내려가 폐의 부피 감소
공기 배출
숨을 내쉴 때 횡격막이 올라간다.

19 공기를 이루는 기체

❖ **탐구 목표** 공기를 이루고 있는 기체에는 어떤 것이 있는지 조사하여 발표할 수 있다.

❖ **준 비 물** 인터넷 검색, 도서관 자료

탐구 과정

① 잠수부가 물속에서 호흡을 하려면 어떤 장치가 필요한지 조사하여 봅시다.
② 인터넷을 통해 공기의 성분을 조사하여 모둠별로 발표하여 봅시다.
③ '과학자의 일생'에 관한 참고 서적을 찾아 산소를 처음 발견한 영국의 프리스틀리에 관해 조사하여 봅시다.
④ 영국의 과학자 블랙은 기체 질소를 어떻게 발견했는지 조사하여 봅시다.
⑤ 액체 질소는 끓는점이 −195.8 ℃로 매우 낮으므로 혈액 보관용, 냉각제 등 낮은 온도의 연구에 사용합니다. 액체 질소는 어떻게 얻는지 조사하여 봅시다.

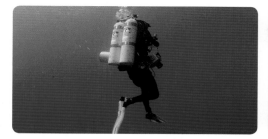
잠수부 ▶

◀ 액체 질소

탐구 결과

1. **잠수부는 물속에서 호흡을 하기 위해 어떤 장치가 필요할까요?**

⇨ 산소를 넣은 통과 질소 또는 헬륨 기체를 넣은 통을 메고 호흡합니다.

2. **공기를 이루고 있는 기체의 부피비를 다음 표에 정리하여 봅시다.**

공기를 이루고 있는 기체	질소	산소	아르곤	이산화 탄소	네온	헬륨	크세논	기타
부피비(%)	78.082	20.943	0.941	0.031	약간	약간	약간	약간

3. **프리스틀리는 어떤 과학자일까요?**

⇨ 1775년에 붉은색 산화 수은을 렌즈의 빛으로 가열하여 산소를 얻었다고 발표하였습니다.

4. **블랙은 기체 질소를 어떻게 발견했을까요?**

⇨ 밀폐된 그릇 속의 공기→촛불을 태움(산소 없앰), 수산화 칼륨 용액 통과(이산화 탄소 제거)→남은 기체 : 초가 타지 않은 기체→질소 발견

5. **액체 질소는 어떻게 얻을까요?**

⇨ 공기를 액체(−200 ℃)로 만든 후 온도를 서서히 높이면서 끓는점 차이를 이용하여 산소와 분리합니다.

알게 된 점

1. 공기를 이루고 있는 기체는 대부분 질소와 산소이며, 약간의 아르곤과 이산화 탄소를 포함합니다.
2. 끓는점 차이를 이용하여 공기의 성분 중 산소, 아르곤, 이산화 탄소를 제거하면 질소를 얻을 수 있습니다.

20 연소와 소화

❖ **탐구 목표** 물질의 연소에 필요한 조건을 알면 화재의 소화 방법을 고안할 수 있다.

❖ **준 비 물** 연료에 따른 불 자료, 알코올램프, 삼발이, 구리판, 성냥, 귀이개, 각설탕, 향, 빨대, 황가루

연소
물질이 산소와 반응하여 열과 빛을 내는 현상

소화
물질이 연소하고 있는 상태에서 타는 것을 제거하거나 타지 못하게 막는 과정

탐구 과정

① 모닥불, 촛불, 프로페인 가스, 알코올이 타는 모습을 관찰하고 공통점과 차이점을 써 봅시다.

② 골동품 가게에서 사온 불을 켤 수 있는 작은 등이 있다. (가), (나), (다)의 물음에 대해 예상해 보고 불을 켜고 관찰한 후 다음 물음에 대한 답을 써 봅시다.

(가) 불을 켜려면 아래 유리그릇에 넣어야 할 액체는 무엇이 적당할까요?
(나) 불이 붙은 심지를 아래로 내리면 불은 어떻게 될까요?
(다) 불이 켜있는 작은 등 위를 병뚜껑으로 덮으면 어떻게 될까요?
(라) 타고 있는 심지에 물을 한 방울 떨어뜨리면 어떻게 될까요?

③ 향, 성냥, 귀이개, 황, 빨대를 일정한 간격으로 구리판 위에 올려놓고 가열하여 봅시다.

④ 모둠별로 초가 연소할 때 생성되는 물질을 알아보는 실험 방법을 설계한 후 실험을 수행하고 그 결과에 대해 토의하여 봅시다.

탐구 결과

1. **모닥불, 촛불, 프로페인, 알코올이 탈 때 나타나는 공통점과 차이점은 무엇일까요?**

   ⇨ • 공통점 : 연소할 물질이 있고, 주위에 공기가 있으며, 점화 장치로 불을 붙여야 타고, 연소 후 생성물이 있으며, 빛과 열이 납니다.
   • 차이점 : 연소에 사용되는 연료가 다르고, 불꽃의 색깔이 다르며, 불의 뜨거운 정도가 다르고, 연소 후 재가 생기는 것과 생기지 않는 것이 있으며, 연료의 상태가 다릅니다.

2. **각 물음에 대해 예상해 보고 불을 켜고 관찰한 후 답을 해 봅시다.**

   ⇨ (가) 메탄올, 에탄올, 석유 (나) 불이 꺼진다. (다) 불이 꺼진다. (라) 불이 꺼진다.

3. **황, 성냥, 향, 귀이개, 빨대 등을 일정한 간격으로 구리판 위에 놓고 가열하면 어떻게 될까요?**

   ⇨ 불이 붙는 순서는 성냥, 황, 귀이개, 향, 빨대(플라스틱)이고 빨대는 녹습니다.

4. **모둠별로 초가 연소할 때 생성되는 물질을 알아보는 실험 방법을 설계한 후 방법과 결과에 대해 생각해 봅시다.**

   ⇨ [실험 방법]
   • 촛불에 찬물이 들어 있는 숟가락의 볼록한 부분을 가까이 대어 봅시다.
   • 투명한 액체에 푸른색 염화 코발트 종이를 대어 봅시다.
   • 깔때기에 고무관을 연결한 후 고무관 끝을 석회수가 들어 있는 시험관에 넣어 봅시다.
   • 깔때기를 촛불 위에 대고 시험관에서 일어나는 변화를 관찰하여 봅시다.
   [결과]
   • 푸른색 염화 코발트 종이가 분홍색으로 변함. → 물이 생깁니다.
   • 석회수가 뿌옇게 흐려짐. → 이산화 탄소가 생깁니다.

알게 된 점

1. 물질이 타려면 연료와 공기(산소)가 있어야 하며 탈 수 있는 온도가 되어야 합니다.
2. 연료의 제거, 공기의 차단, 온도를 낮추면 불이 꺼집니다.
3. 물질의 종류에 따라 발화점이 다릅니다.

> **발화점**
> 불이 닿지 않고 스스로 탈 수 있는 가장 낮은 온도

> **인화점**
> 인화(불을 끌어 당겨 타는 현상)할 때의 가장 낮은 온도

🌏 과학의 창   연소

공기 중의 산소가 연소를 돕습니다. 연소할 때 산소의 공급이 충분하면 연소 후 이산화 탄소와 물이 생기고, 반면에 산소의 공급이 충분하지 못하면 그을음과 일산화 탄소가 생성됩니다.

특히, 연소할 때 물체에 불이 붙기 시작하는 가장 낮은 온도인 발화점이 낮을수록 불이 붙기 쉽습니다. 성냥(인), 숯, 나무의 발화점은 각각 260 ℃, 360 ℃, 400 ℃입니다. 따라서 성냥, 숯, 나무를 동시에 가열하면 성냥이 먼저 불이 붙습니다. 한편, 에탄올은 증발하기 쉬운 액체로, 액체의 표면이 증발된 기체로 차게 될 때 불씨가 있으면 불을 끌어당겨 타는 현상이 있습니다. 에탄올의 인화점은 365 ℃입니다.

 ⇨  ⇨

또 다른 탐구

1. 연소의 3가지 조건과 소화의 조건을 써 봅시다.

연소의 3가지 조건	소화의 조건
(가) 연소에 필요한 연료가 있다.	(A)
(나) 공기 중의 산소를 공급한다.	(B)
(다) 발화점(또는 인화점) 이상으로 온도를 높인다.	(C)

2. 다음은 위의 소화 조건 중 어느 것에 해당되는지 알아봅시다.

(1)

(2)

(3)

3. 다음과 같은 원인의 화재가 발생할 때 소화 방법을 써 봅시다.

(1) 전기 누전   (2) 알코올램프가 엎어질 때   (3) 식용유에 불이 붙을 때

탐구 결과

1. 연소의 3가지 조건에 따른 소화의 조건을 연결하여 봅시다.

⇨ (A) 타는 물질 제거 (B) 공기(산소) 차단 (C) 타는 물질의 온도를 낮춥니다.

2. 각 그림이 3가지 소화 조건 중 해당되는 것과 연결하여 봅시다. ⇨ (1) (A) (2) (B) (3) (C)

3. 각 원인의 화재가 발생했을 때 소화 방법을 써 봅시다.

⇨ (1) 전기 누전 : 두꺼비집의 퓨즈를 내립니다. 분말 소화기나 할론 소화기를 사용하여 불을 끕니다.
(2) 알코올램프가 엎어질 때 : 초기에 많은 물을 뿌려 알코올을 희석시켜 불을 끕니다.
(3) 식용유에 불이 붙을 때 : 유류 화재시에는 분말 소화기나 할론 소화기를 사용하여 불을 끕니다.

🌏 과학의 창   불을 끄는 방법

> **유화층**
> 어떤 액체 속에 그 액체와 잘 섞이지 않는 다른 액체를 작은 입자로 흩어지게 한 젖빛 모양의 액체 층(비눗물)

제거 소화는 탈 수 있는 물질을 제거하는 방법, 냉각 소화는 연소하는 물질의 온도를 낮추어 불을 끄는 방법, 질식 소화는 타고 있는 물질 주변의 산소의 양을 줄여 불을 끄는 방법, 탈수 소화는 타고 있는 물질에 포함된 물을 없애 불을 끄는 방법, 유화 소화는 타고 있는 저장 용기의 윗면의 불에 유화층을 뿌려 불을 끄는 방법, 희석 소화는 타고 있는 물질의 진한 정도를 묽게 하여 불을 끄는 방법, 피복 소화는 타고 있는 물질 위에 타지 않는 물질로 덮어 불을 끄는 방법입니다.

21 화재 안전 대책

❖ 탐구 목표 연소와 소화 조건을 관련지어 화재 안전 대책에 대해 토의할 수 있다.

❖ 준 비 물 화재 예방에 관한 자료, 119에서 하는 일에 대한 자료, 소화기의 종류와 사용 방법에 대한 자료

물질

탐구 과정

① 다음 (가)~(다)에 대하여 조사한 후 모둠별로 발표하여 봅시다.

(가) 불의 3요소는 무엇일까요?

(나) 연료로 사용하는 물질에 어떤 것이 있을까요?

(다) 다음과 같은 화재 발생 시 소화 방법은 무엇일까요?

- 전기 기구나 전선에 불이 붙어 탈 때
- 알코올램프가 엎어져서 불이 났을 때
- 석유에 불이 붙어 탈 때
- 산불이 났을 때

② 보기 의 용어를 다음 화재 발생 시 대피 요령 문자에 넣어 완성하여 봅시다.

┌─ 보기 ───
 구조대원, 엘리베이터, 불이야!, 비상벨, 물에 적신 담요나 수건, 문 손잡이, 계단, 소화전
└──

(가) 화재가 발생하면 즉시 (   )하고 이웃에게 알린다.

(나) 평소에 (   ) 사용을 익혀 두고, 화재가 발생하면 설치된 (   )을 눌러 울린다.

(다) 아파트의 경우 (   )를 이용하지 말고 (   )을 이용하여 불에서 떨어져 피한다.

(라) 불길 속을 통과해야 할 경우 (   )으로 얼굴과 몸을 싼 후 불길을 피한다.

(마) (   )를 만졌을 때 뜨거운 경우에는 불과 연기가 방 밖으로 퍼진 것이므로 방문을 열지 말고 이웃이나 (   )을 기다린다.

③ 다음 삽화는 소화기 사용 요령을 나타낸 것이다. 바른 순서로 나열하고 글로 나타내어 봅시다.

(1)　　　　　　　(2)　　　　　　　(3)　　　　　　　(4)

1. (가)~(다)에 대하여 조사한 후 발표하여 봅시다.

⇨ (가) 불의 3요소 : 탈 수 있는 물질(연료), 산소(공기), 열에너지(불꽃)

(나) • 일반 화재의 경우 : 나무, 종이, 의류, 기름걸레

• 유류 화재의 경우 : 식용유, 석유, 휘발유, 중유

• 전기 화재의 경우 : 가정용 배선, 전기 다리미, 전기난로, 전기밥솥

• 약품에 의한 화재의 경우 : 인(자연 발화), 나트륨, 칼륨(물과 반응할 때), 아세틸렌, 수소(불꽃이 있을 때)

(다) • 전기 기구에 의한 불 : 두꺼비집을 내립니다. 누전 차단기를 설치합니다.

• 알코올램프의 불 : 타고 있는 불에 많은 물을 부으면 꺼집니다.

• 석유에 의한 불 : 모래나 담요로 덮어 공기를 차단합니다.

• 산불 : 소방 헬기를 띄워 약품을 뿌려 끕니다. 불이 번지지 않도록 주변의 나무를 베어냅니다.

2. 화재 발생 시 대피 요령을 보기의 용어 중에서 골라 문장을 완성하여 봅시다.

⇨ (가) 불이야! (나) 소화전, 비상벨 (다) 엘리베이터, 계단 (라) 물에 적신 담요나 수건 (마) 문 손잡이, 구급대원

3. 소화기 사용 요령을 바른 순서로 나열하고 글로 나타내어 봅시다.

⇨ (1) 소화기를 불이 난 곳으로 빨리 옮깁니다. → (4) 소화기의 안전핀을 뽑습니다. → (2) 바람이 불면 등지고 호스를 불 쪽으로 향합니다. → (3) 손잡이를 힘껏 움켜 쥐고 불을 향해 소화액을 뿌립니다.

알게 된 점

• 연료의 종류와 연소의 조건을 알고 소화 방법을 알게 되었고, 화재시 행동 요령과 소화기 사용 방법을 알게 되었습니다.

🌐 과학의 창

[가스에 의한 화재 예방 요령]

• 가스 사용 도구에서 가스가 새는지 정기 점검을 받습니다.

| ▲ 계량기 | ▲ 중간 밸브 | ▲ 중간 밸브 | ▲ 보일러실 |

• 외출 후 귀가했을 때 방이나 부엌에서 냄새가 나면 전등을 켜지 말고 창문을 열어 환기시킵니다. 가스가 방안에 차 있을 때 전기를 켜면 전기 불꽃에 의해 폭발합니다. 전열 기구나 가스에 불을 붙이면 폭발합니다.

• 가스레인지 주위에 불붙기 쉬운 물질, 식용유, 성냥, 불붙기 쉬운 약품을 놓지 않습니다.

• 중간 밸브, 호스, 가스레인지 주위 등에 비눗물을 붓에 묻혀 점검합니다. 만일 거품이 나오면 즉시 수리하거나 교체합니다.

[전기에 의한 화재 예방 요령]

• 누전 차단기를 반드시 설치하고 작동이 잘 되는지 점검합니다.

• 콘센트 하나에 난방 도구, 다리미 등 여러 도구를 사용하지 않으며, 콘센트 구멍에 뚜껑을 해 둡니다.

• 가정용 배선이 오래 되었으면 새것으로 교체합니다. 오래된 배선은 합선될 때 불이 납니다.

• 전선이 껍질이 벗겨지지 않도록 주의하고, 껍질이 벗겨진 전선줄에 물이 묻으면 전기가 흘러 위험하므로 주의해야 합니다. 겨울철에 수도가 얼지 않도록 하기 위해 판매하는 전열선을 설치했다가 화재가 발생한 사실이 있음에 유의합니다.

지구와 우주

❖ 탐구 목표 흙과 식물의 관계를 이해할 수 있다.

❖ 준 비 물 페트병 2개, 거름망 2개, 지역이 다른 곳의 흙, 물

잠깐

실험용 흙은 식물이 풍부한 곳과 식물이 전혀 없는 곳에서 각각 구합니다.

탐구 과정

① 식물이 풍부하게 자라고 있는 곳과 운동장과 같이 식물이 전혀 없는 곳의 흙을 준비합니다.

② 2개의 페트병 윗부분의 $\frac{1}{3}$을 잘라내고 물을 채웁니다.

③ 거름망을 페트병 위에 설치하고 준비한 흙을 거름망 안에 각각 넣습니다.

④ 1시간 정도 지난 후 페트병 안의 물에 어떤 변화가 있는지 살펴봅시다.

1. 식물이 풍부하게 자라고 있는 곳의 흙을 넣으면 시간에 따른 페트병 안의 물은 어떻게 변화됩니까?

⇨ 식물이 풍부하게 자라는 곳의 흙을 넣은 물은 깨끗합니다.

2. 식물이 전혀 없는 곳의 흙을 넣으면 시간에 따른 페트병 안의 물은 어떻게 변화됩니까?

⇨ 식물이 전혀 없는 곳의 흙을 넣은 물은 뿌옇게 변합니다.

알게 된 점

유기물이 많이 포함된 흙을 물에 넣으면 흙의 입자는 물에 녹지 않아 물이 깨끗하지만 유기물이 전혀 없는 흙을 물에 넣으면 흙의 입자는 물에 잘 녹아 물이 뿌옇게 변합니다.

🌐 과학의 창

식물이 잘 자라는 흙

식물이 잘 자라고 있는 지역의 흙 단면을 보면 표면의 흙은 어두운 반면 깊이 들어갈수록 노란색에 가까워집니다. 흙의 색을 결정하는 것은 일반적으로 유기물과 산화 철입니다. 유기물이 풍부한 흙일수록 검은색에 가깝고 산화 철이 많은 흙일수록 붉은색을 보입니다.

달라붙는 성질이 강한 유기물은 흙의 입자들을 서로 묶어주는 역할을 하므로 유기물이 풍부한 흙의 입자는 물속으로 녹아들어가지 않습니다. 나무가 많은 계곡에 흐르는 물이 깨끗한 이유는 흙 속에 유기물이 풍부하여 흙이 녹는 것을 막아줄 뿐만 아니라 물속의 불순물도 붙잡아 여과시켜 주기 때문입니다.

❖ 탐구 목표 강물과 바다가 만나는 곳에서의 삼각주 형성 과정을 이해할 수 있다.

❖ 준 비 물 넓은 쟁반, 흙, 작은 돌, 깔때기, 물

탐구 과정

① 넓은 쟁반에 흙을 경사지게 쌓습니다.

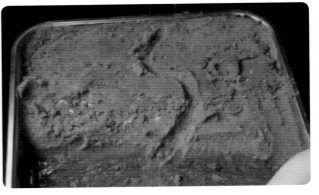

② 손가락으로 흙 표면에 강의 모양을 만들어 줍니다.

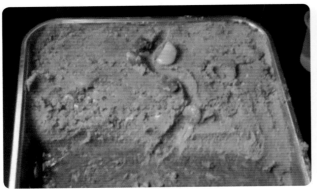

③ 작은 돌을 이용하여 강 주변을 계곡으로 만듭니다.

④ 깔때기를 이용하여 강의 윗부분에 물을 조심스럽게 부어 강물이 흐르게 합니다.

⑤ 물이 쟁반 바닥으로 흐르면서 어떤 지형이 만들어지는지 관찰 하여 봅시다.

물이 흐를 때 강의 하류에 생기는 지형의 모양은 어떻게 됩니까?

⇨ 강의 상류 지역에서 물과 함께 운반되어 온 흙들이 강의 하류 지역(쟁반 바닥)에 도달해서는 삼각형 모양으로 쌓입니다.

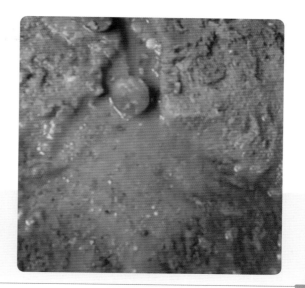

알게 된 점

강의 상류 지역에서 물과 함께 운반된 흙이 강의 하류 지역에서 물의 흐름이 느려지면 퇴적되는데 강물과 바다가 만나는 곳에서는 삼각형 형태로 흙이 퇴적됩니다.

🌐 과학의 창   삼각주의 형성

빠르게 흐르는 강의 상류나 중류 지역에서는 흙의 운반이 쉽지만 강의 하류 지역, 특히 바다와 만나는 지역에서는 느리게 흘러 흙의 운반 작용이 줄어듭니다. 따라서 강물과 함께 운반된 물질들이 강의 하류 지역에 집중적으로 쌓이는데, 이를 삼각주라고 합니다. 실제로 삼각주의 모양이 삼각형을 이루고 있는 경우는 찾아보기 힘듭니다. 강의 하류 지역에서 형성되는 삼각주가 실제로 삼각형 모양을 이루고 있는 경우가 거의 없는 이유는 강의 하류 지역의 지형적인 영향과 해류 때문에 퇴적물이 자연스럽게 쌓일 수 없기 때문입니다.

삼각주는 하천에서 공급된 자갈, 모래와 같은 하천 퇴적물과 바다에 의하여 운반된 작은 물질이 섞인 퇴적층으로 이루어져 식물이 잘 자라므로 농경지로 이용되고 있습니다. 일찍이 이집트 문명이 발달할 수 있었던 이유 중 하나도 나일 강에 의하여 형성된 삼각주가 식물이 잘 자라는 곡창 지대였기 때문입니다.

우리나라의 황해안과 남해안은 밀물과 썰물의 영향이 크기 때문에 퇴적되어 온 물질들이 쌓이기 힘들고, 동해안은 파도가 강하고 물의 깊이가 깊을 뿐만 아니라 물이 빠르게 흐르기 때문에 삼각주가 발달하기 어렵습니다. 우리나라에서 삼각주가 발달한 곳은 운반되는 퇴적물의 양이 많은 압록강 하류 지역과 비교적 밀물과 썰물의 영향이 작은 낙동강 하류 지역입니다.

▲ 낙동강 하구의 삼각주

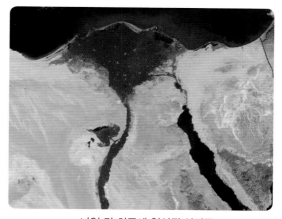

▲ 나일 강 하구에 형성된 삼각주

❖ 탐구 목표 지층의 형성 과정을 이해할 수 있다.

❖ 준 비 물 식빵, 치즈, 햄, 쟁반, 칼

잠깐
식빵을 자를 때는 주변의 도움을 받도록 합니다.

탐구 과정

① 쟁반 위에 식빵을 올려놓습니다.

② 식빵 위에 치즈 및 햄 등을 순서대로 얹습니다.

③ 식빵을 덮은 후 손으로 눌러 압력을 가하여 줍니다.

④ 치즈, 햄이 든 식빵을 잘라 단면을 관찰하여 봅시다.

탐구 결과

잘라낸 식빵의 단면을 관찰하면 어떻게 보입니까?

⇨ 식빵의 단면을 보면 식빵, 치즈, 햄이 나란하게 층을 이루고 있습니다.

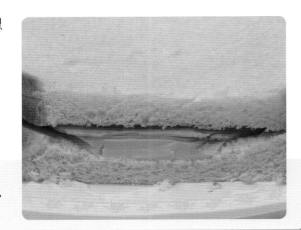

알게 된 점

여러 물질들이 퇴적되어 수평으로 쌓이게 되면 층을 이루고, 압력이 가해져서 이 층이 굳으면 지층이 됩니다.

04 퇴적 작용과 입자의 크기

관찰

❖ 탐구 목표 퇴적물이 퇴적될 때 어떤 순서로 쌓이는지 알 수 있다.

❖ 준 비 물 페트병, 모래, 작은 자갈, 점토(또는 미세한 흙)

탐구 과정

표면에 무늬가 없는 페트병을 사용합니다.

① 페트병 안에 모래, 작은 자갈, 점토를 함께 넣습니다.

② 페트병에 든 내용물이 잠기도록 물을 붓습니다.

② 페트병을 여러 차례 흔든 후 페트병을 바닥에 놓고 물이 잔잔해질 때까지 가만히 둡니다.

탐구 결과

페트병 안의 물이 잔잔해진 후 관찰하면 입자들은 어떻게 배열되어 있습니까?

➡ 페트병 밑에서부터 작은 자갈, 모래 그리고 점토 순으로 쌓여 있습니다.

알게 된 점

페트병을 흔든 후 가만히 놓으면 페트병 안의 물의 흐름이 약해지면서 토양의 입자가 큰 순서로 먼저 바닥에 퇴적됩니다.

자료해석

❖ **탐구 목표** 퇴적암의 종류와 특징을 알 수 있다.

❖ **준 비 물** 셰일, 사암, 역암, 석회암, 묽은 염산, 돋보기, 장갑

잠깐
묽은 염산을 사용할 때에는 피부에 닿지 않도록 주의합니다.

탐구 과정

① 퇴적암인 셰일, 사암, 역암, 석회암에는 어떤 특징이 있는지 눈으로 관찰하여 봅시다.

▲ 셰일

▲ 사암

▲ 역암

▲ 석회암

② 돋보기를 사용하여 셰일, 사암, 역암, 석회암 알갱이의 크기를 관찰하고, 각각의 암석을 손으로 만졌을 때의 느낌을 표에 기록합니다.

암석	알갱이의 크기	손으로 만졌을 때의 느낌	기타 특징
셰일			
사암			
역암			
석회암			

③ 묽은 염산을 암석 표면에 떨어뜨렸을 때 어떤 암석에서 변화가 생기는지 관찰해 봅시다.

탐구 결과

1. 암석 알갱이의 크기와 손으로 만졌을 때의 느낌 등을 표에 기록하면 어떻게 됩니까?

암석	알갱이의 크기	손으로 만졌을 때의 느낌	기타 특징
셰일	작다.	부드럽다.	한쪽 방향으로 발달되어 있다.
사암	보통	거칠다.	모래알갱이가 잘 나타난다.
역암	크다.	부분마다 다르다.	자갈이 잘 나타난다.
석회암	보이지 않는다.	부드럽다.	밝은색으로 뚜렷하다.

2. 묽은 염산과 반응하는 암석은 어떤 암석입니까?

⇨ 묽은 염산과 반응하는 암석은 석회암입니다. 석회암에 묽은 염산을 떨어뜨리면 거품이 발생합니다.

알게 된 점

퇴적암의 종류에 따라 알갱이의 크기나 손으로 만졌을 때의 느낌이 모두 다릅니다.

과학의 창 | 퇴적암의 종류

퇴적암은 어떤 퇴적물이 굳어서 되었는지에 따라 다음과 같이 구분합니다.

	퇴적물	퇴적암
쇄설성 퇴적암	자갈	역암
	모래	사암
	점토	이암, 셰일
	화산진, 화산재	응회암
화학적 퇴적암	$CaCO_3$	석회암
	NaCl	암염
유기적 퇴적암	식물	석탄
	산호, 조개류	석회암

석회암에 묽은 염산을 떨어뜨리면 발생하는 거품은 CO_2로 석회암의 구성 성분인 $CaCO_3$와 묽은 염산이 반응하여 발생합니다.

❖ **탐구 목표** 화석이 무엇인지 이해하고, 호박 화석을 만들어 봄으로써 화석의 생성 과정을 알 수 있다.

❖ **준 비 물** 송진 덩어리, 종이컵, 비커, 면장갑, 버너, 건조된 곤충 표본

> **잠깐**
>
> 너무 강한 불로 송진을 녹이지 않도록 합니다. 불이 강하면 송진이 타서 호박 화석의 색이 어둡게 됩니다.

탐구 과정

① 송진 덩어리를 준비합니다.

② 화석으로 만들 곤충을 채집하여 완전히 건조시킵니다.

③ 송진을 약한 불에 녹입니다.

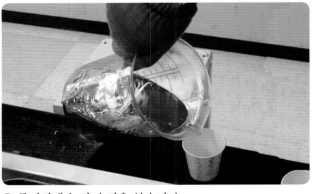

④ 종이컵에 녹인 송진을 붓습니다.

⑤ 송진 속에 곤충 표본을 넣습니다.

⑥ 30분 정도 지난 후, 송진을 더 붓습니다.

⑥ 완성된 호박 화석을 하루 정도 그늘에 두어 완전히 굳을 수 있도록 합니다.

⑦ 송진이 완전히 굳은 후 종이컵을 벗겨냅니다.

탐구 결과

송진에 굳힌 호박 화석의 모양은 어떻게 됩니까?

▲ 완성된 호박 화석

▲ 다양한 곤충으로 만든 호박 화석

알게 된 점

송진은 점성이 매우 커서 송진과 접촉한 곤충은 송진에서 벗어나지 못하고 결국 송진 내에 갇히게 됩니다. 이렇게 곤충을 포함하게 된 송진 덩어리가 긴 기간 동안 땅 속에서 굳으면 화석이 되는데 이를 호박 화석이라 합니다.

과학의 창

화석

화석이란 과거에 살았던 동식물의 몸체나 흔적이 암석이나 지층 속에 남아있는 것을 말합니다. 대부분 화석은 암석의 형태로 나타나는데 소나무의 송진과 같은 나무의 끈적끈적한 수액이 굳어진 호박의 형태로 나타나기도 합니다. 즉 호박은 식물의 수액이 땅에 묻힌 후 긴 시간 동안 휘발 성분이 증발하고 안정한 상태가 된 것으로 예로부터 장식용 조각, 구슬, 염주 등으로 이용되어 왔습니다.

나무에 앉은 곤충이 식물의 수액에 갇히게 된다면 호박 안에 곤충이 존재하는데 이를 호박 화석이라고 합니다. 이런 호박 화석은 세계 여러 곳에 나타나는데 가장 유명한 호박 매장지는 러시아의 칼리닌그라드 지역입니다.

❖ 탐구 목표 화산 모형 만들기를 통하여 화산의 형태 및 화산 활동 과정을 알 수 있다.

❖ 준 비 물 종이, 페트병(500 mL 정도), 베이킹 소다, 식초, 식용 색소(빨간색), 알루미늄 박, 쟁반, 테이프

잠깐

식초의 냄새가 진할 수 있으니 야외나 환기가 잘 되는 곳에서 실험을 실시하고, 분출로 인하여 주변이 더러워질 수 있으므로 걸레 등을 미리 준비하여 둡니다.

탐구 과정

① 화산 모형 만들기를 하기 위해 필요한 준비물을 준비합니다.

② 페트병에 식용 색소와 200 mL 정도의 식초를 넣은 다음 쟁반 중앙에 고정시킵니다.

③ 종이를 뭉쳐 페트병 주위에 쌓아 산 모양을 만듭니다.

④ 알루미늄박을 이용하여 화산 모형을 만듭니다. 페트병의 입구는 분화구가 되도록 노출시킵니다.

⑤ 완성된 화산 모형의 분화구로 베이킹 소다를 부어 화산이   ⑥ 화산의 분출을 관찰합니다.
   분출하도록 합니다.

탐구 결과

화산은 언제 분출합니까?

⇨ 베이킹 소다를 넣는 즉시 많은 가스와 함께 화산이 분출합니다.

알게 된 점

지구 내부의 물질이 녹아 만들어진 마그마가 내부의 압력에 의하여 밖으로 분출하는 현상이 화산 활동이며, 이런 화산 활동을 통하여 용암이 굳어서 화산이 만들어집니다.

과학의 창 | 화산 분출 이유

화산이 분출하는 이유는 지하 약 50~200 km 깊이에서 마그마의 양이 증가하면 마그마에 녹아있던 가스에 의한 압력이 커지면서 위로 나오기 때문입니다. 이때 마그마의 점성에 따라 용암이 조용히 분출하기도 하고 주변에 있던 바위나 흙 등이 같이 치솟아 폭발하기도 합니다.

▲ 점성이 큰 마그마가 분출하여 만든 화산의 모양   ▲ 점성이 작은 마그마가 분출하여 만든 화산의 모양

베이킹 소다의 주성분은 중탄산 나트륨($NaHCO_3$)으로 산성인 식초와 반응하면 이산화 탄소가 발생합니다. 이산화 탄소는 인체에 해를 주는 기체가 아니므로 이 실험이 위험한 것은 아닙니다. 페트병 안에서 이산화 탄소가 발생하여 압력이 증가하면 페트병 밖으로 나오게 되는데 이는 화산이 분출하는 원리와 같습니다.

관찰

❖ 탐구 목표 화성암인 화강암과 현무암의 특징을 비교할 수 있다.

❖ 준 비 물 화강암과 현무암 표본, 돋보기

탐구 과정

▲ 화강암

▲ 현무암

① 화성암인 화강암과 현무암 표본을 준비합니다.

② 돋보기를 이용하여 화강암과 현무암의 색깔과 입자의 크기 등을 비교하여 다음 표를 완성하여 봅시다.

암석	화강암	현무암
색깔		
입자의 크기		
특징		

탐구 결과

화강암과 현무암의 관찰 결과를 표로 나타내면 어떻게 됩니까?

암석	화강암	현무암
색깔	밝은 색 바탕에 여러 색깔의 결정들이 있습니다.	어둡습니다.
결정의 크기	결정이 분명하게 보일 정도로 큽니다.	작아 구별이 어렵습니다.
특징	기공이 없고 다양한 결정이 나타납니다.	기공이 많이 있습니다.

알게 된 점

화강암은 결정의 크기가 크고 밝은 색을 띠고 있지만 현무암은 결정의 크기가 작고 어두운 색을 띠고 있습니다.

과학의 창   화강암과 현무암

마그마가 굳어서 된 암석 중에서 화강암을 가장 흔하게 볼 수 있습니다. 화강암은 마그마가 지하 깊은 곳에서 굳어 만들어지므로 마그마가 천천히 식어 구성하는 입자들이 충분히 성장할 시간이 있어 결정의 크기가 큽니다. 이런 화강암은 지표로 노출되어 나타나는데 특히 우리나라에서 산을 오르다보면 나타나는 밝은 색의 암석 덩어리는 모두 화강암이라고 할 수 있습니다. 그리고 절에서 쉽게 마주치는 석탑도 대부분 화강암으로 만들어져 밝은 색을 띠고 있습니다.

▲ 북한산 정상 부근의 화강암체

▲ 화강암으로 만들어진 경주 불국사의 다보탑

제주도를 구성하고 있는 암석의 대부분이 현무암이기 때문에 현무암은 우리나라에서 제주도에 가면 흔하게 볼 수 있습니다. 현무암은 마그마가 지표 위로 분출하여 빠르게 식어서 형성된 암석이므로 구성하는 입자가 성장할 시간이 없었기 때문에 결정의 크기가 작습니다. 특히 제주도의 현무암은 빠르게 굳는 과정에서 마그마 속의 가스가 빠져나가면서 만들어진 기공이 아주 잘 발달되어 있습니다.

▲ 현무암으로 되어 있는 제주도 돌담

▲ 현무암으로 만들어진 제주도 돌하르방

09 달의 위치와 모양 변화

❖ 탐구 목표 같은 시간에 여러 날 동안 달을 관찰하면 달의 위치와 모양이 변한다는 것을 알 수 있다.

❖ 준 비 물 달력, 연필, 색연필, 종이

탐구 과정

① 종이에 다음과 같은 표를 만든 후 달력에서 음력 날짜를 확인합니다.

② 음력 1일에서 15일까지 해가 진 직후 같은 시각에 밤하늘을 관측하기 좋은 곳으로 나가 달을 찾아봅시다. 달은 어느 쪽 하늘에서 보이는지 그리고 모양은 어떤지 관측하여 표에 나타내어 봅시다.

날짜(음력)	1일	3일	6일	9일	12일	15일
달의 위치						
달의 모양						

③ 음력 15일에서 30일까지 해뜨기 직전 같은 시각에 밤하늘을 관측하기 좋은 곳으로 나가 달을 찾아봅시다. 달은 어느 쪽 하늘에서 보이는지 그리고 모양은 어떤지 관측하여 표에 나타내어 봅시다.

날짜(음력)	15일	18일	21일	24일	27일	30일
달의 위치						
달의 모양						

탐구 결과

1. 음력 1일과 15일 사이의 달의 위치와 모양은 어떻게 됩니까?

날짜(음력)	1일	3일	6일	9일	12일	15일
달의 위치	서쪽 지평선	남서쪽 하늘	남쪽 하늘	남쪽 하늘	남동쪽 하늘	동쪽 지평선
달의 모양						

2. 음력 15일과 30일 사이의 달의 위치와 모양은 어떻게 됩니까?

날짜(음력)	15일	18일	21일	24일	27일	30일
달의 위치	서쪽 지평선	남서쪽 하늘	남쪽 하늘	남쪽 하늘	남동쪽 하늘	동쪽 지평선
달의 모양						

알게 된 점

음력 1일에는 거의 달이 보이지 않다가 다음날 해가 진 직후 같은 시각에 나가보면 초승달이 서쪽 지평선 부근에 나타납니다. 그리고 날짜가 지남에 따라서 달의 위치는 점점 높아지고 남쪽 하늘을 지나 동쪽으로 이동합니다.

음력 15일 새벽에 달을 관측하면 서쪽 하늘에서 보름달을 볼 수 있습니다. 날이 지남에 따라 새벽에 볼 수 있는 달의 모양은 점점 작아지고 위치도 남쪽 하늘을 지나 음력 30일에 가까울수록 동쪽 하늘에서 관측됩니다.

🌏 과학의 창 　달의 관찰

정월대보름(음력 1월 15일)이나 추석(음력 8월 15일)이 되면 많은 사람들이 해지기 전부터 달맞이를 준비합니다. 태양이 지면 동쪽 지평선에서 달이 떠오르기 시작한 후 밤 동안 남쪽 하늘을 지나 서쪽 지평선으로 이동합니다. 아침이 되어 해가 동쪽 지평선에서 떠오르기 시작하면 보름달은 서쪽 지평선 아래로 내려가므로 우리는 보름달이 뜨는 날에는 밤에 언제든지 나가기만 하면 달을 볼 수 있습니다.

이와 같이 보름달을 밤에 언제든지 볼 수 있는 이유는 달의 위치가 지구에서 볼 때 태양과 정반대 방향에 있기 때문입니다. 그래서 태양이 뜰 때 달은 지고, 달이 뜰 때 태양이 지는 것입니다.

반면에 초승달(음력 3일에 뜨는 달)이나 그믐달(음력 29일이나 30일에 뜨는 달)인 경우는 달의 위치가 태양과 매우 가깝습니다. 그래서 초승달은 태양이 지고 난 직후에 서쪽 하늘에서, 그믐달은 태양이 뜨기 직전에 동쪽 하늘에서 볼 수 있습니다.

관찰

❖ 탐구 목표 달 표면의 모습을 통하여 달의 환경을 추리할 수 있다.
❖ 준 비 물 작은 크기의 돌, 쟁반(또는 넓은 그릇), 밀가루, 다양한 크기의 곡물, 코코아 가루

잠깐
코코아 가루, 밀가루 등이 주위에 떨어질 수 있으므로 큰 종이 등을 펼쳐 놓고 그 위에서 실험을 하는 것이 좋습니다.

탐구 과정

① 쟁반에 밀가루를 높이가 5 cm 정도가 되게 담습니다.

② 밀가루 위에 다양한 크기의 곡물을 골고루 뿌립니다.

③ 가장 위에 코코아 가루를 골고루 뿌려 달의 표면을 만듭니다.

④ 높은 곳에서 달의 표면으로 작은 돌을 떨어뜨려 봅시다.

탐구 결과

돌이 달의 표면과 충돌하는 모습은 어떻게 됩니까?

⇨ 돌이 떨어지면서 가한 충격으로 코코아 밑의 밀가루가 튀어나와 움푹 파인 구덩이가 만들어집니다. 구덩이 주변으로는 솟아 올라온 밀가루가 쌓여 있고, 일부 밀가루는 구덩이에서 떨어진 곳까지 뻗어 있습니다. 코코아 위로 작은 곡물들이 튀어 올라와 있는 것도 볼 수 있습니다.

알게 된 점

달의 운석 구덩이는 운석과의 충돌로 만들어진 것으로 달 표면의 암석과 토양이 뿜어져 나와 구덩이를 만들고 구덩이 주위에 흙이 쌓여 있는 모양을 하고 있습니다. 내부의 흙이나 암석은 운석 구덩이 주변으로 퍼져 나가고 있습니다.

또 다른 탐구

크기가 큰 돌과 크기가 작은 돌을 앞의 과정 ③에서 만든 달의 표면에 떨어뜨려 봅니다. 크기가 큰 돌을 떨어뜨리면 달의 운석 구덩이의 흔적이 큽니다. 크기가 작은 돌을 떨어뜨리면 달의 운석 구덩이의 흔적이 작습니다.

과학의 창

달의 운석 구덩이

달 표면에는 운석 구덩이가 많이 있습니다. 운석 구덩이는 낙하 속도가 20 km/s나 되는 운석과의 충돌로 달의 표면에 만들어진 구덩이를 말합니다. 태양계 초기 단계에서는 우주에 많은 암석들이 존재하고 있었고 이런 암석이 달의 중력에 의하여 달과 충돌하면서 많은 운석 구덩이가 만들어졌습니다.

달의 중력은 지구의 $\frac{1}{6}$로 중력이 작으며 달에는 대기가 존재하지 않습니다. 대기가 없다보니 달에는 지구와 같이 바람이 분다거나 비가 오는 기상 현상이 없습니다. 따라서 달에 생긴 운석 구덩이는 풍화 작용을 받지 않아 아주 오래 전에 만들어졌음에도 불구하고 지금까지 보존되어 있습니다.

❖ 탐구 목표 지구상의 물이 끊임없이 순환한다는 것을 이해할 수 있다.

❖ 준 비 물 투명한 수조, 컵, 투명 랩, 뜨거운 물, 고무 밴드, 얼음

잠깐
수조에 뜨거운 물을 넣을 때에는 주변에 있는 어른의 도움을 받도록 합니다.

탐구 과정

① 투명한 수조에 뜨거운 물을 2 cm 높이까지 붓습니다.

컵 안에 무거운 물체를 넣어 컵이 수조 바닥에 닿도록 합니다.

② 투명한 수조 가운데에 위치하도록 컵을 놓습니다.

③ 투명 랩으로 빈틈이 없게 수조 위 부분을 씌웁니다.

④ 고무 밴드를 이용하여 투명 랩이 수조 가장자리에 완전히 붙을 수 있도록 합니다.

⑤ 얼음을 랩 중앙에 얹습니다. 얼음을 둔 곳 밑에는 컵이 위치하고 있어야 합니다.

탐구 결과

시간이 지난 후 수조 안의 상태가 어떻게 됩니까?

⇨ 시간이 지날수록 얼음의 크기는 줄어들고 수조 안은 점점 뿌옇게 변합니다. 수조를 덮은 투명 랩을 벗기면 뜨거운 물에서 증발한 수증기가 수조 안쪽이나 랩에 물방울의 형태로 붙어 있고, 특히 얼음 주위에는 많은 물방울이 만들어져 컵 안으로 떨어집니다.

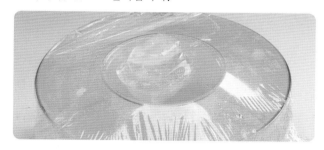

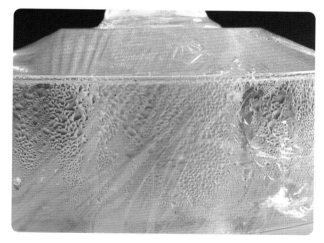

알게 된 점

지표면의 물은 태양 에너지를 받아 수증기가 되어 증발하고, 이렇게 증발한 수증기는 다시 대기 중에서 응결하여 비가 되어 지표면으로 되돌아오는 순환을 계속합니다.

🌏 과학의 창

물의 순환

지구상에서 가장 많은 물이 모여 있는 곳은 넓은 바다입니다. 이곳에 대부분의 수증기가 만들어져서 위로 올라갑니다. 지구 대기의 경우 위로 올라갈수록 온도는 낮아져서 수증기는 다시 물방울로 되고 다시 지상으로 떨어집니다. 육지에 떨어진 물은 여러 과정을 거쳐 다시 바다로 모입니다.

이 실험에서 뜨거운 물은 바다를, 얼음은 대기 상층의 낮은 온도를 의미합니다. 1시간 정도 지난 다음에 컵 안에 물이 들어 있는 것을 확인할 수 있는데 이는 비가 되어 모인 강물이나 호숫물을 의미합니다.

얼음 대신에 추를 두어 랩이 약간 경사지게 한 다음 햇빛이 잘 드는 곳이 하루 정도 두어 관찰하여도 좋은 실험이 됩니다.

❖ 탐구 목표 계절별로 대표적인 별자리를 조사하여 발표할 수 있다.

❖ 준 비 물 하드보드지 4장, 연필, 컴퍼스, 자, 펀치(또는 송곳), 전등, 가위

탐구 과정

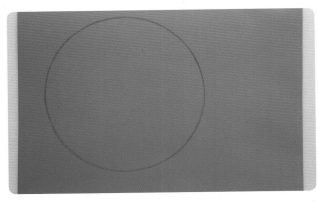

① 4개의 하드보드지에 컴퍼스를 이용하여 지름이 15 cm 정도 되는 원을 각각 그립니다.

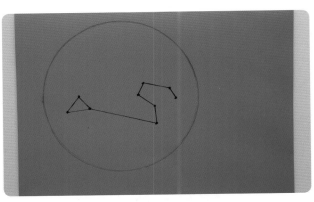

② 4개의 하드보드지의 원 안에 각 계절의 대표적인 별자리를 그립니다.

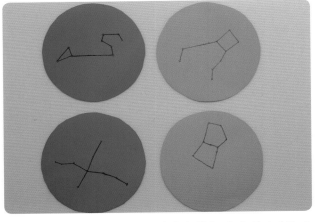

③ 가위를 이용하여 하드보드지에서 원을 따라 별자리를 오려냅니다.

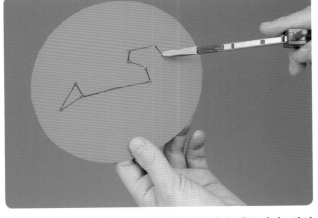

④ 별이 있는 자리에 구멍을 내어 별자리판을 만듭니다. 별의 밝기에 따라 구멍을 크기를 달리할 수도 있습니다.

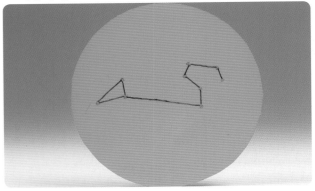

⑤ 어두운 방에서 완성된 별자리판을 전등에 비추어 봅시다.

⊙ **탐구 결과**

어두운 방에서 관찰한 별자리의 모양은 어떻게 됩니까?

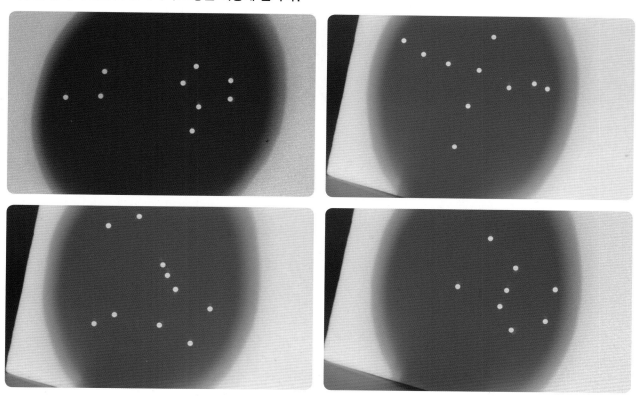

⇨ 별자리란 가까이 있는 별들을 무리지어 연결한 것입니다.

알 게 된 점

별자리는 가까운 별들을 무리지어 그 모양에 따라 신화에 나오는 동물이나 인물 등의 이름을 붙인 것입니다. 이런 별자리는 계절에 따라 우리가 볼 수 있는 것이 다릅니다.

🌏 **과학의 창** **북극성 찾기**

별자리를 이용하여 북극성을 찾는 방법은 다음과 같습니다.

북쪽 하늘에서 쉽게 볼 수 있는 별자리인 W자 모양의 카시오페이아자리와 큰곰자리의 북두칠성은 북극성을 중심으로 서로 마주보고 있습니다. 북두칠성 국자모양 끝부분 두 별 사이의 거리의 5배되는 곳, 또는 카시오페이아자리의 연장과 연장이 만나는 중심점에서 가운데 별까지의 거리의 5배되는 곳에 있는 별이 북극성입니다.

13 태양계의 행성 크기

❖ **탐구 목표** 태양과 행성의 크기를 비교하여 나타낼 수 있다.

❖ **준 비 물** 고무 찰흙, 우드락, 계산기, 연필, 자, 줄, 컴퍼스

> **잠깐**
> 각 행성의 특성을 찾아볼 수 있도록 관련 도서를 준비하거나 검색을 할 수 있도록 합시다.

탐구 과정

① 태양계를 구성하는 천체들의 실제 반지름으로부터 지구 반지름과의 크기 비를 구하여 보고, 만들고자 하는 모형의 반지름을 계산합니다. 준비한 우드락의 크기를 고려하여 모형의 크기를 얼마나 축소할 것인지 결정합시다.

천체	실제 반지름(km)	지구 반지름과의 비	모형 반지름(cm)
태양	696,342	109.3	
수성	2,439	0.383	
금성	6,051	0.95	
지구	6,371	1	
화성	3,389	0.532	
목성	69,911	10.97	
토성	58,232	9.14	
천왕성	25,362	3.98	
해왕성	24,622	3.86	

② 우드락에 자와 연필을 이용하여 천체의 위치를 정합니다.
③ 고무 찰흙으로 천체의 모양과 특징이 나타나도록 만든 후 붙입니다.

탐구 결과

과정 ③의 결과 나타난 태양계의 행성 크기는 어떻게 나타납니까?

➪ 그림과 같이 나타낼 수 있습니다. 지구 반지름보다 작은 행성은 수성, 금성, 화성이 있고, 지구 반지름보다 큰 행성은 목성, 토성, 천왕성, 해왕성이 있습니다. 태양의 크기는 지구에 비해 매우 큽니다.

알게 된 점

태양은 실제 우리 눈으로 보면 작게 보이지만 태양계의 행성과는 비교할 수 없는 정도로 큰 크기를 가지고 있습니다. 행성 중에서는 목성과 토성이 다른 행성에 비하여 상대적으로 큰 크기를 나타내고 있습니다.

14 공기의 무게

❖ 탐구 목표 공기에도 무게가 있음을 확인하여 기압의 개념을 이해할 수 있다.

❖ 준 비 물 풍선, 공기 펌프, 나무 막대, 스탠드, 바늘, 실

탐구 과정

① 두 개의 풍선에 공기를 가득 넣고 풍선을 묶습니다.

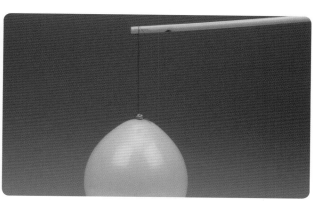

② 실로 나무 막대 양 끝에 두 개의 풍선을 매답니다.

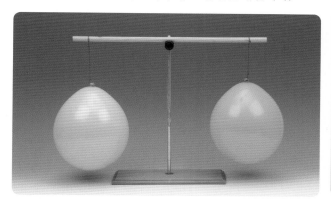

③ 나무 막대가 수평이 되도록 스탠드 위에 걸쳐 놓습니다.

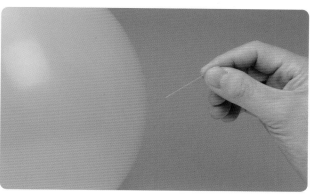

④ 바늘로 한쪽 풍선을 터뜨릴 때 나무 막대는 어느 쪽으로 기울어지는지 관찰하여 봅시다.

탐구 결과

나무 막대는 어느 쪽으로 기울어집니까?

⇨ 풍선이 터지면 수평을 이루던 나무 막대는 풍선이 있는 쪽으로 기웁니다.

알게 된 점

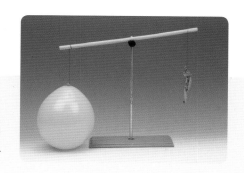

나무 막대가 수평을 이루고 있었을 때에는 막대 양쪽의 무게가 같습니다. 한쪽 풍선이 터질 때 공기가 있는 풍선 쪽으로 막대가 기울어지는 것은 풍선 안에 있는 공기가 있었기 때문입니다. 즉 공기도 무게를 가지고 있습니다.

관찰

❖ 탐구 목표 공기의 온도차가 생길 때 공기의 대류 현상을 관찰할 수 있다.

❖ 준 비 물 페트병, 칼(또는 가위), 양초, 향

탐구 과정

① 페트병의 뚜껑을 제거하고 밑 부분을 칼로 잘라냅니다.

② 칼로 페트병 밑 부분을 사각형 모양으로 잘라냅니다.

③ 양초에 불을 켠 후 페트병을 내려놓습니다.

④ 양초의 불에 향을 넣고 향 연기의 이동을 통하여 공기의 흐름을 파악하여 봅시다.

향 연기는 어느 방향으로 움직입니까?

⇨ 페트병 내부의 연기는 위 방향으로 흐르는 것으로 보아 공기는 페트병 아래로 들어와서 위로 이동하는 대류 현상이 나타납니다.

알게 된 점

양초가 타면서 주위 공기의 온도를 높입니다. 따뜻해진 공기는 부피가 늘어나면서 주변 공기보다 가벼워집니다. 가벼워진 공기는 상승하게 되고 주변 공기가 그 자리를 채우면서 공기가 순환합니다.

과학의 창 │ 공기의 순환

두 지역의 온도차로 공기의 부피가 달라져 발생하는 공기의 순환 현상으로 해륙풍이 있습니다. 낮 시간 동안에는 바다와 육지가 같은 태양 에너지를 받아도 육지의 온도가 바다의 온도보다 더 높아집니다. 뜨거워진 육지 위의 공기는 가볍기 때문에 상승하지만 상대적으로 온도가 낮은 바다 위에서는 공기가 하강하여 바람은 바다에서 육지로 부는 해풍이 발생합니다.

밤에는 반대로 바다의 온도가 육지의 온도보다 천천히 식으므로 바다의 온도가 육지의 온도보다 상대적으로 높습니다. 바다의 공기가 주변의 온도보다 높으므로 바다의 공기가 위로 상승하고 육지 쪽에는 공기가 하강하게 됩니다. 따라서 육지에서 바다로 공기가 이동하므로 육지에서 바다로 부는 육풍이 발생합니다.

▲ 해풍의 발생

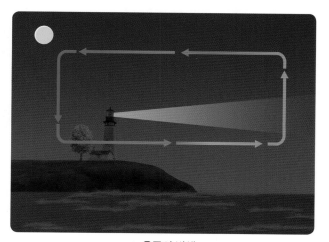

▲ 육풍의 발생

지구와 우주

❖ 탐구 목표 습도계 제작을 통하여 습도가 우리 생활에 미치는 영향을 설명할 수 있다.

❖ 준 비 물 모발 습도계 _ 종이 원통, 압정, 얇은 나무 도막(15 cm 정도), 머리카락
　　　　　　솔방울 습도계 _ 솔방울, 페트병, 그래프용지, 핀, 테이프, 풀

탐구 과정

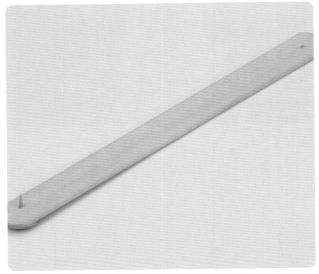

① 압정으로 나무 도막 양 끝에 구멍을 냅니다.

② 종이 원통 양 끝에 압정을 박습니다.

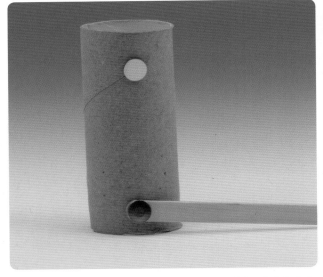

③ 종이 원통의 아래쪽 압정에 얇은 나무 도막을 연결합니다.

④ 머리카락 한쪽 끝을 종이 원통의 아래 압정에 묶고 다른 끝은 위 압정에 걸친 다음 나무 도막 끝에 연결합니다.

⑤ 날씨가 습한 날과 건조한 날에 나무 도막이 어떻게 움직이는지 관찰하여 봅시다.

탐구 결과

습한 날과 건조한 날 나무 도막은 어떻게 움직입니까?

⇨ 건조한 날에는 나무 도막이 올라오고, 습한 날에는 내려갑니다.

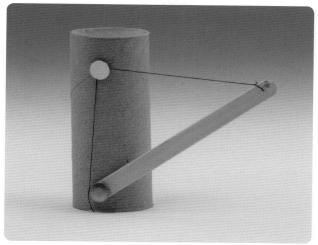

▲ 건조한 날

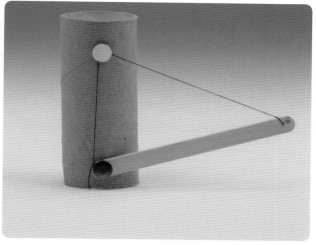

▲ 습한 날

알게 된 점

습도에 따라 머리카락의 길이가 변하는 점을 이용하여 대기 중의 습도를 측정할 수 있습니다.

탐구 과정

① 페트병 안에 솔방울이 자리할 수 있도록 페트병을 잘라냅니다.
② 테이프나 풀을 이용하여 페트병 안에 솔방울이 움직이지 않도록 고정시킵니다.
③ 솔방울 가운데 한 끝부분에 핀을 고정시키고, 페트병 내부에 그래프 용지를 펼쳐 넣습니다.
④ 건조한 날과 습한 날에 핀의 방향이 어떻게 변하는지 살펴봅시다.

탐구 결과

건조한 날과 습한 날에 핀의 방향이 어떻게 변합니까?

⇨ 건조한 날에는 핀의 방향은 수평이 되고 습한 날에는 핀의 방향이 수직
이 됩니다.

알게 된 점

습도에 따라 솔방울의 모양이 변하는 것을 이용하여 공기 중에 수증기가 얼마나 많은지 추정할 수 있습니다.

기압계 만들기

❖ 탐구 목표 날씨에 따라 기압이 어떻게 변하는지 알 수 있다.

❖ 준 비 물 작은 플라스틱 병, 고무풍선, 고무줄, 빨대, 도화지, 필기구, 투명테이프, 양면테이프, 가위

탐구 과정

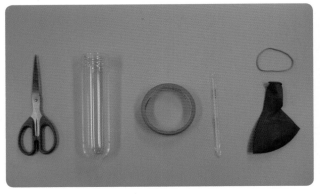

① 여러 가지 준비물 중에서 가위로 고무풍선을 둥근 모양으로 오려냅니다.

② 잘라낸 고무풍선으로 플라스틱 병 입구를 막고 공기가 빠져나가거나 들어가지 못하도록 고무줄로 플라스틱 병 입구를 단단히 묶습니다.

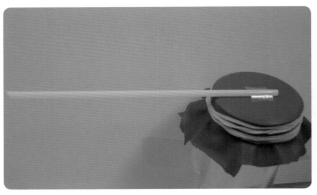

③ 입구를 막은 고무 위에 양면테이프를 이용하여 빨대를 고정시킵니다.

④ 도화지에 투명테이프를 이용하여 병을 고정시킵니다.

⑤ 맑은 날과 흐린 날에 빨대 끝이 가리키는 방향으로 도화지에 선을 그어 비교합니다.

1. 맑은 날과 흐린 날 빨대는 각각 어느 방향을 가리킵니까?

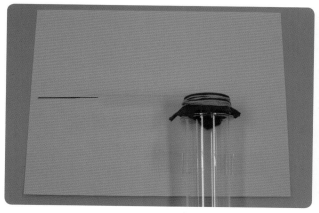

⇨ 맑은 날에는 빨대가 위쪽을 가리킵니다.

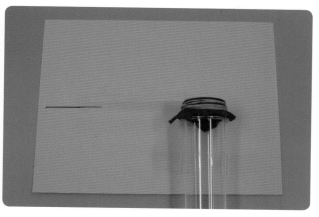

⇨ 흐린 날에는 빨대가 아래쪽을 가리킵니다.

2. 맑은 날 빨대가 위쪽을 가리키는 이유는 무엇입니까?

⇨ 페트병 내부보다 페트병 외부의 압력이 높기 때문에 고무가 페트병 안쪽으로 약간 들어가게 됩니다. 고무가 페트병 안쪽으로 들어가면 빨대의 끝은 위쪽으로 이동하게 됩니다.

3. 흐린 날 빨대가 아래쪽을 가리키는 이유는 무엇입니까?

⇨ 페트병 내부보다 페트병 외부의 압력이 낮기 때문에 고무가 페트병 위쪽으로 약간 올라오게 됩니다. 고무가 페트병 위쪽으로 솟아오르면 빨대의 끝은 아래쪽으로 이동하게 됩니다.

알게 된 점

기압에 따라 날씨가 달라지는데 주변 지역보다 기압이 높은 날은 맑고, 주변 지역보다 기압이 낮은 날은 흐립니다.

🌐 과학의 창

고기압과 저기압

주변 지역보다 기압이 높은 곳을 고기압, 주변 지역보다 기압이 낮은 곳을 저기압이라고 합니다. 고기압 지역은 하강 기류가 존재하여 날씨가 맑습니다. 반면 저기압 지역은 상승 기류가 존재하여 날씨가 흐립니다. 기압을 측정하여 그 변화를 알 수 있다면 날씨를 예측할 수 있습니다.

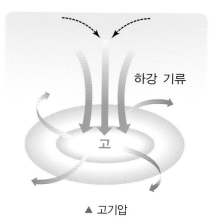

▲ 고기압

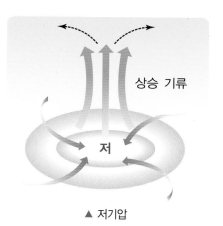

▲ 저기압

관찰

❖ **탐구 목표** 기압이 작용하는 방향을 확인하여 기압의 개념을 이해할 수 있다.

❖ **준 비 물** 알루미늄 캔, 물, 장갑, 집게, 수조, 핫플레이트

잠깐

캔은 알루미늄 캔을 사용하도록 하고, 핫플레이트를 사용할 때에는 화상을 입지 않도록 주의하여야 합니다.

탐구 과정

① 알루미늄 캔 안에 높이 2mm 정도 물을 넣습니다.

② 물을 넣은 캔을 핫플레이트 위에 놓고, 알루미늄 캔 속의 물을 가열시킵니다.

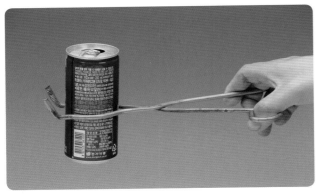

③ 물이 끓으면 집게로 캔을 잡습니다.

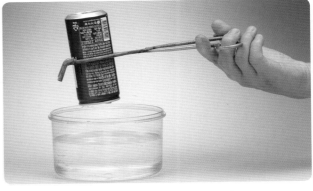

④ 집게를 돌려 알루미늄 캔의 입구가 아래쪽을 향하게 합니다.

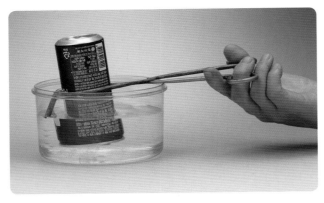

⑤ 수조에 들어간 알루미늄 캔에 어떤 변화가 일어나는지 살펴봅시다.

수조에 들어간 알루미늄 캔은 어떻게 됩니까?

⇨ 알루미늄 캔이 완전히 찌그러집니다.

알게 된 점

캔이 찌그러진 방향을 보면 캔이 받은 압력의 방향을 짐작할 수 있습니다. 만약 기압이 지표면으로만 작용한다면 캔은 위에서 누를 때처럼 납작해져야 합니다. 그러나 캔은 옆으로도 압력을 받아 찌그러진 것으로 보아 기압은 모든 방향에서 작용한다는 것을 알 수 있습니다.

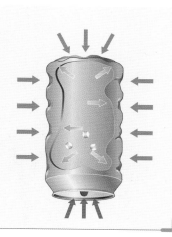

🌐 과학의 창

기압의 방향

물이 들어 있는 캔을 가열하면 물이 끓어 캔의 공기는 대부분 빠져나가고 수증기로 가득 찹니다. 이 캔을 찬물에 넣으면 수증기가 다시 물이 되면서 캔의 내부는 진공 상태가 되므로 외부 압력인 기압을 받아 캔은 찌그러집니다. 이때 캔에는 모든 방향으로 압력이 작용합니다.

열

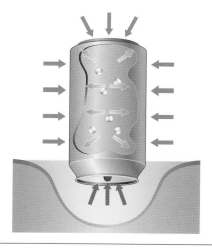

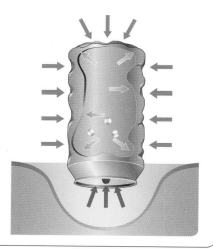

19 태양-지구-달 운동 모형 만들기

❖ 탐구 목표 태양, 지구, 달의 모형을 이용하여 지구와 달의 상대적 위치를 나타낼 수 있다.

❖ 준 비 물 종이 쟁반, 색연필, 도화지, 압정, 연필, 컴퍼스, 자, 가위

탐구 과정

① 종이 쟁반이 태양을 의미할 수 있도록 색연필로 색을 칠합니다.

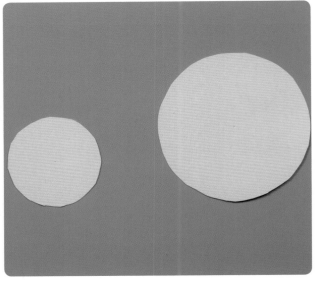

② 자와 컴퍼스를 이용하여 도화지에 반지름이 3 cm, 5 cm인 두 원을 그린 후 가위로 잘라냅니다.

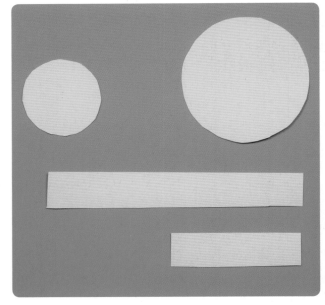

③ 도화지에 한 변의 길이가 10 cm, 20 cm인 직사각형을 그린 후 가위로 잘라냅니다.

④ 큰 원에는 지구를 그리고 작은 원에는 달을 의미하도록 색연필로 색을 칠합니다.

⑤ 지구와 연결된 기둥 끝부분과 태양의 중심을 압정으로 고정합니다.

⑥ 달과 연결된 기둥 끝부분과 지구의 중심을 압정으로 고정합니다.

⑦ 태양의 주위로 지구를 공전시키면서 달을 지구 중심으로 공전시키면서 태양-지구-달의 상대적인 위치를 파악합니다.

탐구 결과

태양, 지구, 달의 위치는 어떻게 됩니까?

⇨ 태양 주위를 지구가 공전하고 지구 주위를 달이 공전하기 때문에 태양-지구-달의 상대적인 위치가 계속 변하고 있습니다.

알게 된 점

이 실험에서 종이 쟁반은 태양이고 작은 원은 달에 해당합니다. 작은 원을 바라보는 사람은 지구에 있는 사람입니다. 달이 보이는 것은 달이 태양빛을 반사하기 때문인데, 지구에서 볼 때 달이 태양과 같은 방향에 있을 때에는 달에서 반사된 빛이 지구로 오지 않아 달이 보이지 않습니다. 달이 지구 주위를 반시계 방향으로 공전함에 따라 달의 오른쪽 부분이 밝아집니다. 달이 공전하여 태양과 반대 방향에 위치하면 달의 보이는 모든 부분이 밝은 보름달이 됩니다. 그리고 공전이 계속되면서 달은 보이는 부분이 점점 작아지다가 태양과 같은 방향에 도달하면 다시 달은 보이지 않습니다.

과학의 창 달의 운동과 지구의 공전

달은 스스로 빛을 내지 못하고 태양빛을 반사시켜 밝게 보입니다. 달의 모습은 지구-태양-달의 위치 변화에 따라 눈에 보이는 겉보기 모양이 변합니다. 달이 지구 주위를 한 바퀴 도는 데 걸리는 기간인 29.5일을 주기로 달의 위상은 다시 원래의 모양으로 변합니다. 달이 지구 주위를 돌고 있듯이 지구도 태양 주위를 도는 공전을 하고 있어서 지구의 위치도 바뀌고 있습니다. 실제로 나타나는 달의 움직임과 그에 따른 달의 위상은 그림과 같습니다.

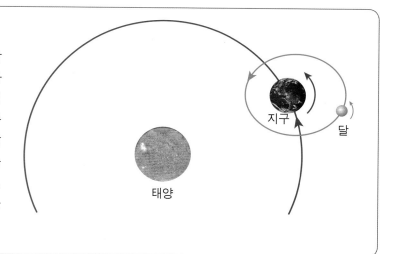

❖ 탐구 목표 지구의 육지와 바다의 면적 크기를 비교하여 지구 표면 상태를 이해할 수 있다.

❖ 준 비 물 세계 지도 또는 지구의

탐구 과정

① 세계 지도나 지구의에서 크게 6개의 대륙과 5개의 바다로 구분할 수 있습니다. 우리는 6개의 대륙과 5개의 바다를 5대 양 6대주라고 합니다. 세계 지도나 지구의에서 5대양과 6대주를 찾아봅시다.

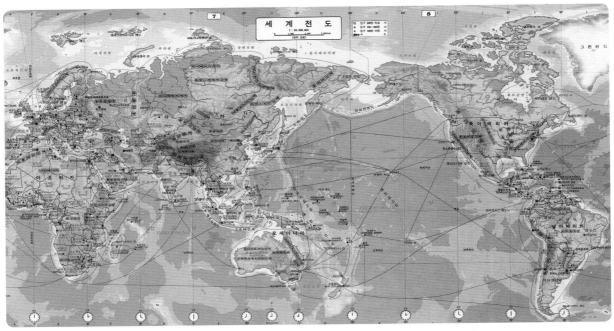

② 위의 세계 지도나 지구의를 이용하여 5대양 6대주를 크기가 큰 순서로 나열하여 봅시다.

5대양
(   ) – (   ) – (   ) – (   ) – (   )

6대주
(   ) – (   ) – (   ) – (   ) – (   ) – (   )

② 5대양 외에 바다로 불리고 있는 곳을 찾아봅시다.

③ 6대주가 아니라 7대주라고 한다면 어디를 추가하면 됩니까?

④ 실제 지구는 둥근 구의 모양을 하고 있는데 위의 세계 지도처럼 지구 표면을 평면으로 나타내었을 때 어떤 장점과 어떤 단점이 있는지 이야기하여 봅시다.

장점	
단점	

탐구 결과

1. 5대양은 각각 어디입니까?

⇨ 태평양, 대서양, 인도양, 남극해, 북극해입니다.

2. 6대주는 각각 어디입니까?

⇨ 아시아, 아프리카, 유럽, 북아메리카, 남아메리카, 오세아니아입니다.

3. 5대양 6대주가 차지하는 비율은 각각 어떻게 됩니까?

	태평양	대서양	인도양	남극해	북극해
지구 표면에서 차지하는 비율	30.5%	15.1%	13.4%	4.0%	2.8%

	아시아	북아메리카	남아메리카	아프리카	유럽	오세아니아
전체 대륙에서 차지하는 비율	33%	18%	13%	11%	8%	6%

⇨ 바다는 지구 표면의 약 71%를 차지하고 있으며 대륙은 지구 표면의 약 29%를 차지하고 있습니다.

4. 5대양 외에 바다로 불리고 있는 곳은 어디입니까?

⇨ 5대양 외에 동해, 홍해, 카리브 해처럼 육지들 사이에 있는 바다도 있고, 지중해, 흑해, 카스피 해 그리고 아랄 해와 같이 육지로 둘러싸인 바다도 있습니다.

5. 6대주가 아니라 7대주라고 한다면 어디를 추가하면 됩니까?

⇨ 남극 대륙을 추가하면 됩니다. 실제 남극 대륙은 유럽이나 오세아니아보다도 더 넓은데, 전체 육지가 차지하고 있는 면적의 11%를 차지하고 있습니다.

6. 지구 표면을 평면으로 한 지도의 장점과 단점은 각각 무엇입니까?

장점	지표면 상태를 한눈에 볼 수 있습니다.
단점	대륙이나 해양의 면적이나 형태가 왜곡되어 실제 모습을 정확히 알기 어렵습니다.

알게 된 점

지구에는 여러 개의 대륙이 존재하고 그 주위에는 바다와 호수가 존재합니다. 바다도 위치에 따라 이름이 다릅니다. 바다 중에서는 태평양이 가장 넓고, 대륙 중에서는 아시아가 가장 넓습니다.

🌏 과학의 창 　지구의 모양

지구는 거의 완벽한 구의 모양을 하고 있으나 적도 방향의 지름이 극 방향 지름보다 43 km 정도 더 긴 타원체를 하고 있습니다. 지구의 표면은 지형에 따라 높은 곳도 있고 낮은 곳도 존재하는데, 지구 중심에서 가장 가까운 곳은 마리아나 해구로 이 지역은 평균 해수면에서 약 11 km 낮습니다. 반면 지구 중심에서 가장 먼 곳은 에베레스트 산으로 정상은 평균 해수면으로부터 약 8.8 km 높습니다.

태양의 고도 변화

관찰

❖ 탐구 목표 하루 동안 태양의 고도가 어떻게 변하는지 알아보고 태양의 고도와 그림자의 길이의 관계를 알 수 있다.

❖ 준 비 물 우드락, 수수깡, 압정, 실, 각도기, 가위(또는 칼)

탐구 과정

① 수수깡을 20 cm가 되도록 자릅니다.

② 압정을 이용하여 우드락에 수수깡을 수직으로 세웁니다.

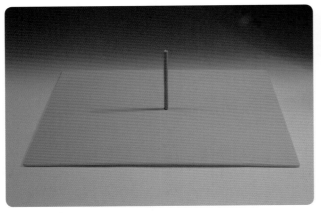

③ 태양이 잘 보이는 곳에 우드락을 설치합니다.

④ 실을 이용하여 수수깡에 의한 그림자 길이를 잽니다.

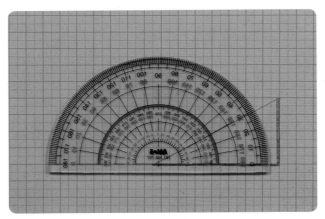

⑤ 수수깡의 길이와 그림자의 길이를 모눈판에 그리고 각도
기를 이용하여 태양의 고도를 측정합니다.

1. 오전에는 시간에 따른 그림자 길이는 어떻게 변합니까?

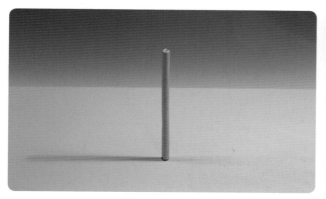

오전에는 태양의 고도는 점점 높아집니다.

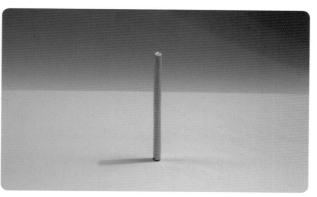

고도가 높아짐에 따라 그림자의 길이는 점점 짧아집니다.

2. 오후에는 시간에 따른 그림자 길이는 어떻게 변합니까?

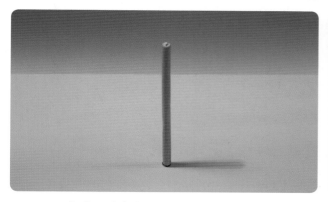

오후에는 태양의 고도는 점점 낮아집니다.

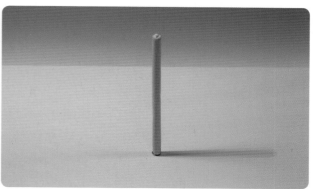

고도가 낮아짐에 따라 그림자의 길이는 점점 길어집니다.

3. 태양의 고도가 최대가 되는 시간은 언제입니까?

⇨ 태양의 고도가 높을 때에는 오전에서 오후로 바뀔 때입니다.

알게 된 점

태양은 동쪽에서 떠서 점점 높아지다가 정오 무렵에 가장 높게 위치하고 오후가 되면서 점점 낮아집니다. 그림자의 길이는 태양의 고도가 높아질수록 짧아집니다. 하루 중 가장 태양의 고도가 높을 때에는 정오 무렵이며, 이때 그림자의 길이가 가장 짧습니다.

과학의 창

태양의 고도 변화

지구의 자전 때문에 태양의 고도도 변하게 됩니다. 지구가 자전하다가 지평면에 태양이 오면 태양의 고도는 0°이고, 이때 태양이 동쪽에서 뜹니다. 이후 태양은 점점 높아지다가 정오 무렵 태양의 고도가 가장 높아집니다.

남중 이후에는 태양의 고도는 점점 낮아지다가 다시 지평면과 만나게 되면 태양의 고도는 다시 0°가 됩니다.

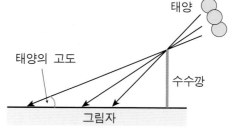

그림자의 길이는 태양 빛의 경로에 의하여 결정되므로 태양의 고도가 높아지면 그림자의 길이는 짧아집니다. 그림자의 길이가 가장 길 때는 태양이 지평면에 있을 때이며, 가장 짧을 때는 태양의 고도가 가장 높을 때입니다.

❖ 탐구 목표 낮의 길이가 계절에 따라 변하는 이유를 알 수 있다.

❖ 준 비 물 하드보드지, 지구의, 전등, 빨판, 양면테이프, 필기구

탐구 과정

① 지구의에서 우리나라를 찾아 빨판을 붙입니다.

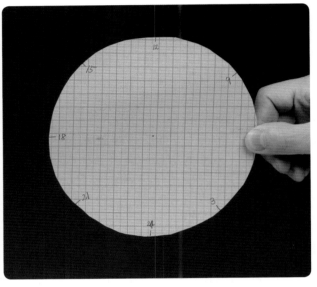

② 지름이 15 cm 정도 되게 하드보드지를 잘라 시간판을 만듭니다. 시간판은 0시에서 24시가 되도록 합니다.

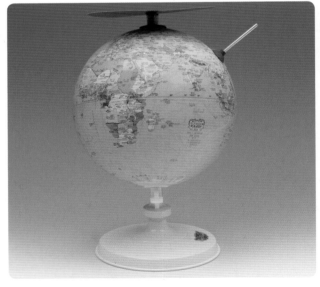

③ 시간판을 떼었다 붙였다 할 수 있도록 지구의의 자전축에 양면테이프를 이용하여 붙입니다. 시간판을 붙일 때 항상 전등 방향에 12시가 오도록 합니다.

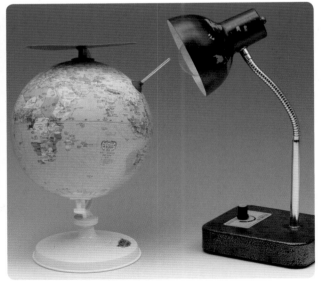

④ 우리나라 위의 빨판이 가르치는 방향과 일치하는 시간판의 숫자가 우리나라의 시각이 됩니다. 우리나라가 전등 방향으로 있으면 우리나라의 시각은 낮 12시입니다.

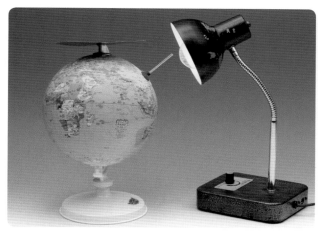

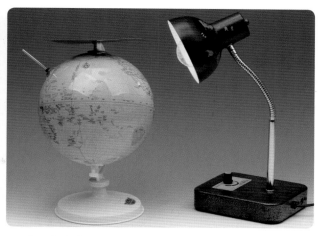

⑤ 지구의를 반시계 방향으로 회전을 시키면서 우리나라의 위치에 따라 시각이 어떻게 변하는지 확인합니다.

⑥ 전등이 태양이라면 지구의의 밝은 부분은 낮이고, 어두운 부분은 밤입니다. 우리나라가 태양을 향할 때와 그 반대 일 때 우리나라에서 해가 뜨는 시각과 지는 시각이 각각 언제인지 관찰하여 낮의 길이를 계산하여 봅시다.

탐구 결과

해 뜨는 시각과 해 지는 시각은 언제입니까?

자전축 방향	전등 방향	전등 반대 방향
해 뜨는 시각	4시 45분	7시 15분
해 지는 시각	19시 15분	16시 45분
낮의 길이	14시간 30분	9시간 30분

알게 된 점

우리나라의 낮의 길이는 자전축이 태양을 향하고 있을 때가 14시간 30분으로 가장 길었으며, 반대 방향에 있을 때 9시간 30분으로 가장 짧았습니다. 자전축의 방향에 따라 낮의 길이가 달라집니다.

과학의 창

지구의 공전과 밤·낮의 길이

지구가 공전할 때 자전축의 기울어진 방향은 변하지 않기 때문에 자전축이 태양을 향할 때도 있고 반대 방향을 향할 때도 있어 낮의 길이가 변합니다.

북반구 지역에서 1년 중 가장 낮의 길이가 긴 날은 6월 21일경인 하지입니다. 그리고 낮이 가장 짧은 날은 12월 21일경인 동지입니다. 지구의 자전축이 태양을 향하고 있을 때 북반구가 태양을 향해 치우쳐 있기 때문에 북반구 지역은 낮이 밤보다 길고, 반대 방향으로 자전축이 향해 있을 때는 남반구 지역에서

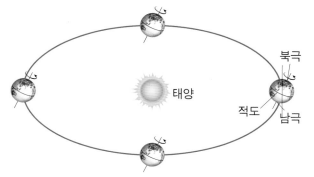

낮이 밤보다 길어집니다. 3월 21일경과 9월 21일경에는 북반구와 남반구 모두 낮과 밤의 길이가 같습니다. 3월 21일경을 춘분, 9월 21일경을 추분이라고 합니다.

이와 같은 낮의 길이 변화는 태양으로부터 받는 에너지양이 달라져 계절의 변화가 일어납니다.

낮과 밤이 생기는 이유

❖ 탐구 목표 지구의 운동으로 낮과 밤이 생기는 원리를 알 수 있다.

❖ 준 비 물 색 점토, 나무 막대, 전등

탐구 과정

① 파란색 점토를 이용하여 둥근 구를 만듭니다.

② 둥근 구에 빨간색 점토를 이용하여 육지를 그립니다.

③ 나무 막대 끝에 색 점토로 만든 둥근 구를 끼웁니다.

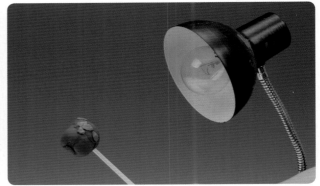

④ 어두운 방에서 둥근 구에 전등을 비추고 나무 막대를 돌려봅시다.

탐구 결과

나무 막대를 돌렸을 때 둥근 구의 어느 부분을 전등이 비춥니까?

⇨ 둥근 구에 전등이 비추는 곳은 밝고, 반대편은 어둡습니다. 나무 막대를 돌리면 둥근 구에 전등이 비추는 곳이 반복적으로 바뀝니다.

알게 된 점

지구가 자전하면 태양이 비추는 지역이 돌아가면서 변합니다. 특정한 지역이 태양의 방향에 위치하면 그 지역은 낮이 되고, 반대 방향에 위치하면 밤이 됩니다.

부록

실험실에서의 안전

실험을 할 때에는 선생님의 지시에 잘 따라야 하며, 보안경, 실험복 등의 보호 장비를 갖추어야 합니다. 또, 만일의 사고에 대비하여 응급 처치 방법도 알아 두어야 합니다.

1 일반적인 주의 사항

① 실험을 하기 전에 실험의 내용을 미리 알아 둡니다.
② 사용하는 약품의 취급법과 실험 기구 사용법을 미리 알아 둡니다.
③ 소화기의 위치와 사용법을 알아 두고, 불을 사용하는 실험에서는 인화성 물질을 가까이 놓지 않습니다.
④ 시험관을 가열할 때에는 시험관 속의 물질이 끓어오르며 튀어나올 수 있으므로, 시험관 입구는 항상 사람이 없는 쪽을 향하게 합니다.
⑤ 냄새를 맡을 때에는 손으로 바람을 일으켜 살짝 맡도록 하고, 직접 코를 대어 냄새를 맡지 않습니다.
⑥ 젖은 손으로 전기 기구나 콘센트를 만지지 않습니다.
⑦ 실험 폐기물은 선생님의 지시와 폐기물 처리 방법에 따라 처리해야 합니다.

2 사고가 발생했을 때의 응급 조치

① 화재가 발생한 경우

불이 붙었을 경우에는 물에 적신 수건 등을 덮어서 불을 끕니다. 인화성 물질이 많으면 모래를 뿌리거나 소화기를 사용하여 불을 끕니다.

② 화상을 입었을 때

화상을 입은 곳을 흐르는 찬물에 담가 충분히 열기를 식힙니다. 화상이 심하면 바셀린을 바른 후 즉시 의사의 치료를 받습니다.

③ 상처를 입었을 때

상처가 난 곳을 묽은 과산화 수소수로 잘 소독하고 치료액을 바릅니다. 피가 멈추지 않을 경우에는 지혈을 하고 즉시 의사의 치료를 받습니다.

④ 강산이나 강염기가 묻었을 때

약품이 묻은 곳을 흐르는 물로 즉시 충분히 씻고, 강산인 경우에는 묽은 암모니아수로, 강염기인 경우에는 0.1% 아세트산 수용액으로 씻습니다. 약품이 눈에 들어갔을 때에는 눈을 뜬 채로 흐르는 물로 충분히 씻고, 즉시 의사의 치료를 받습니다.

⑤ 유독 가스를 흡입하였을 때

실험실에서 밖으로 옮겨 눕히고 옷을 느슨하게 하여 신선한 공기를 마시게 합니다. 심한 경우에는 즉시 의사의 치료를 받게 합니다.

3 폐기물은 이렇게 처리하자!

실험실에서 나오는 폐기물은 중금속과 같이 인체에 해로운 영향을 줄 수 있고, 소량이라도 자연환경을 오염시킬 수 있으므로 적절한 방법으로 처리하여야 합니다.

① 폐기물은 그때그때 처리하기 어려우므로 종류별로 분리하고, 보관 방침에 따라 **별도의 용기에 모읍니다.**

② 유독 가스의 발생 또는 폭발 등의 위험한 상황이 발생할 수 있으므로 사전에 **폐기물의 성질을 파악한 후 처리합니다.**

③ 유독 가스를 내는 물질 등은 태우는 일이 없도록 주의합니다.

④ **수은의 증기는 강한 독성을 가지고 있습니다.** 따라서 수은 폐기물은 밀폐된 병에 넣고 마개로 막아 보관하였다가 한꺼번에 수거하여 폐기물 수집 장소로 옮깁니다.

실험 안전 기호

눈 안전
화학 약품을 사용하거나 실험 기구를 다룰 때에는 보안경을 착용합니다.

환기 주의
독성이나 자극성이 있는 기체는 환기에 주의하고, 냄새를 직접 맡지 않습니다.

약품 안전
화학 약품을 손으로 직접 만지지 않고 맛을 보거나 직접 냄새를 맡지 않습니다.

피복 안전
옷을 훼손시키거나 더럽히는 실험을 할 때에는 실험복을 입습니다.

손 씻기
손에 약품이 묻었거나 실험이 끝난 후에는 비누나 세정제로 손을 깨끗하게 씻습니다.

전기 안전
젖은 손으로 전기 기구를 만지거나 여러 가지 기구를 함께 연결하지 않습니다.

화재 안전
불을 사용할 때에는 화재에 주의하고 인화성 물질을 가까이 두지 않습니다.

유리 기구 안전
깨지기 쉬운 유리 기구는 주의해서 다루고, 깨진 유리는 만지지 않습니다.

일반 안전
실험에 관한 안전 지침을 읽고 사용법 그대로 따릅니다.

물리적 안전
신체적인 활동이 필요한 실험의 경우 서로 다치지 않도록 주의합니다.

부식 주의
부식성 화학 물질이 피부나 옷 등에 묻거나 눈에 들어가지 않도록 주의합니다.

열 안전
차거나 가열된 용기를 다룰 때에는 집게로 잡거나 방열 장갑을 끼고 다룹니다.

폐기물 처리
사용한 약품은 선생님의 안내에 따라 폐기물 처리 장소에 안전하게 처리합니다.

도구 안전
칼, 핀, 가위와 같이 예리한 도구는 사용할 때 주의합니다.

독극물
피부에 닿지 않도록 하며, 화학 기체를 흡입하지 않습니다. 반드시 선생님의 지시를 따라 사용합니다.

환경 보전
사용하고 남은 물질 중에서 재활용이 가능한 것은 분리 수거합니다.

집필하신 분	

윤 용
- 서울대학교 사범대학 화학교육과 졸업
- (전) 배재고등학교 교사

조병길
- 부산대학교 사범대학 지구과학교육과 졸업
- 부산대학교 이학박사
- (현) 부산경남여자고등학교 교사

장성진
- 부산대학교 사범대학 생물교육과 졸업
- 부산대학교 교육대학원 생물교육전공(석사)
- (현) 부산과학고등학교 교사

이창현
- 부산대학교 사범대학 물리교육과 졸업
- 한국교원대학교 대학원 물리교육전공(석사)
- (현) 부산과학고등학교 교사

새 교육과정에 따른-쉽고 재미있게 정리한

초등과학탐구실험도감

2017. 1. 5. 초판 발행
지은이 | 윤용, 조병길, 장성진, 이창현
펴낸이 | 양진오
펴낸곳 | (주) 교학사
공장 | 서울특별시 금천구 가산디지털 1로 42
사무소 | 서울특별시 마포구 마포대로 14길 4

편집 | 오승만, 이영남, 전찬호, 박유미, 이승범
디자인 | (주)교학사 디자인센터
컷 · 삽화 | 주종식, 황승호, 강일석
사진 | 포토리아, 정재욱

내용관련문의 | (02) 707-5245 (주) 교학사 편집1부 과학과
개별구입안내 | (02) 707-5147 (주) 교학사 영업부
등록 | 1962. 6. 26.(18-7)
홈페이지 주소 www.kyohak.co.kr